양자역학 이야기

양자역학 이야기

초판 1쇄 발행 2022년 11월 28일
초판 5쇄 발행 2025년 2월 20일

지은이 팀 제임스 / **옮긴이** 김주희

펴낸이 조기흠
총괄 이수동 / **책임편집** 이한결 / **기획편집** 박의성, 최진, 유지윤, 이지은
마케팅 박태규, 임은희, 김예인, 김선영 / **제작** 박성우, 김정우
교정교열 신지영 / **디자인** 정윤경

펴낸곳 한빛비즈(주) / **주소** 서울시 서대문구 연희로2길 62 4층
전화 02-325-5506 / **팩스** 02-326-1566
등록 2008년 1월 14일 제 25100-2017-000062호

ISBN 979-11-5784-631-3 03420

이 책에 대한 의견이나 오탈자 및 잘못된 내용은 출판사 홈페이지나 아래 이메일로 알려주십시오.
파본은 구매처에서 교환하실 수 있습니다. 책값은 뒤표지에 표시되어 있습니다.

hanbitbiz.com hanbitbiz@hanbit.co.kr facebook.com/hanbitbiz
post.naver.com/hanbit_biz youtube.com/한빛비즈 instagram.com/hanbitbiz

양자역학 이야기 Fundamental

빛의 개념부터 시간여행까지,

세상의 모든 것을 설명하는 양자역학 안내서

팀 제임스 지음 | **김주희** 옮김

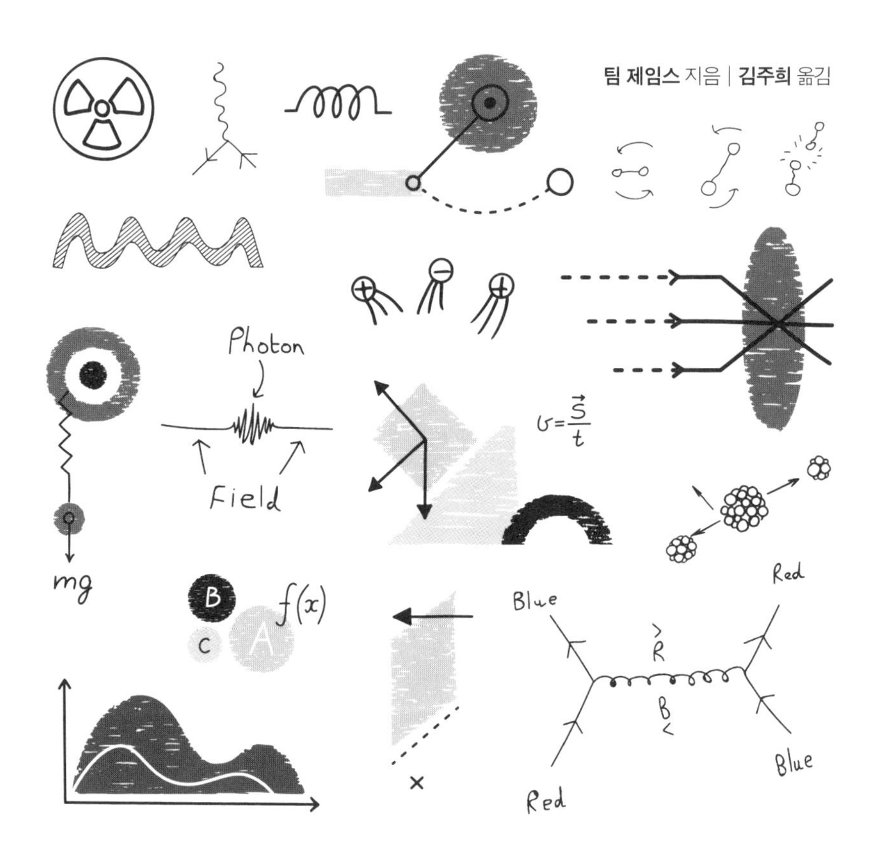

HB 한빛비즈
Hanbit Biz, Inc.

과학자들이 제아무리 확신한다 해도,
자연에는 그들을 깜짝 놀라게 할 비법이 있다.

-아이작 아시모프Isaac Asimov, 《네메시스Nemesis》

차례

최후

자연은 제정신이 아니다. 물리학의 근본 원칙을 파고들어 밑바닥에 도달하면, 지식과 상상이 똑같아지는 혼란스럽고 어지러운 공간에서 자신을 발견하게 된다.

이러한 경험에 그저 놀라기만 해서는 안 된다. 별의 존재를 허용하는 우주가 과연 정상인지 의문을 가져야 한다. 하지만 여러분이 아무리 독특한 사고방식으로 무장한 뒤 자연을 상대한다 해도, 양자물리학에는 당해내지 못할 것이다.

양자물리학은 19세기 말 인류가 자만심에 한껏 취해 있던 시기에 태동했다. 별들의 지도를 그리고, DNA를 분리한 뒤, 원자핵 분열을 일으키기 직전이었다. 우리의 지적 능력이 거의 완성 단계에 이르러 인류가 세운 목표를 전부 성취하면서 과학이 막을 내리는 순간을 목격하는 듯했다.

아무도 풀지 못한 골치 아픈 수수께끼가 과학계에 몇 가지 남아 있었지만, 그것은 태피스트리에서 비죽 빠져나온 실처럼 사소한 호기심 거리였다. 그 실들을 잡아당기자 비로소 수백 년 동안 짜여 있던 태피스트리가 풀리기 시작했고, 우리는 현실의 새로운 모습과 마주하게 되었다. 바로 양자 세계다.

노벨상 수상자 리처드 파인먼Richard Feynman은 양자물리학 수업에서 이런 발언을 했다. "내 물리학 수업을 듣는 학생들은 양자물리학을 이해하지 못한다. 나도 마찬가지다. 양자물리학을 이해하는 사람은 아무도 없다."[1] 역사상 가장 위대한 양자물리학자가 남긴 냉철한 말이다. 파인먼처럼 똑똑한 사람마저도 양자역학에 얽힌 수수께끼를 해결하지 못한다면, 나머지 사람들에게는 그럴 가능성이 조금이라도 있을까?

다행스럽게도, 파인먼이 이해하지 못한다고 말한 이유는 양자물리학이 너무 어려워서가 아니었다. 그는 양자물리학이 짜증 날 정도로 이상하다고 말했다.

누군가가 여러분에게 네 개의 변을 가진 삼각형을 그리라고 하거나, 10보다 작지만 10억보다 큰 숫자를 떠올려보라고 했다고 가정하자. 그러한 요구 사항은 복잡하지는 않지만, 터무니없는 탓에 쉽게 따를 수 없다. 양자물리학에 이르는 길도 그와 비슷하다.

양자물리학은 일반적인 규칙을 따르지 않는 네 변 삼각형과 숫자가 존재하는 세계다. 평행우주와 모순이 여기저기 숨어 있고, 사물들은 존재하기 위한 공간이나 시간에 신경 쓸 필요가 없다.

불행히도 인간의 뇌는 그런 정신 나간 세계를 다루기 위해 만들어지지 않았고, 우리가 구사하는 언어는 자연의 진실을 고스란히 담을 수 있을 정도로 기이하지 않다. 물리학자 닐스 보어Niels Bohr는 양자물리학에 있어서 "언어는 시어poetry로만 사용될 수 있다"[2]라고 말했다.

많은 사람이 이해할 수 없는 현상을 발견하면, 그것을 완벽하게 이해할 정도로 자신이 똑똑하지 않다고 판단하는 실수를 저지른다. 하지만 그런 일로 괴로워하지 말자. 솔직히 말해서 여러분이 양자역학을 이상하고 불편하게 여기는 것은, 역사상 가장 위대한 지성들과 어깨를 나란히 하는 것과 같으니 말이다.

1장

자신감에 부풀다

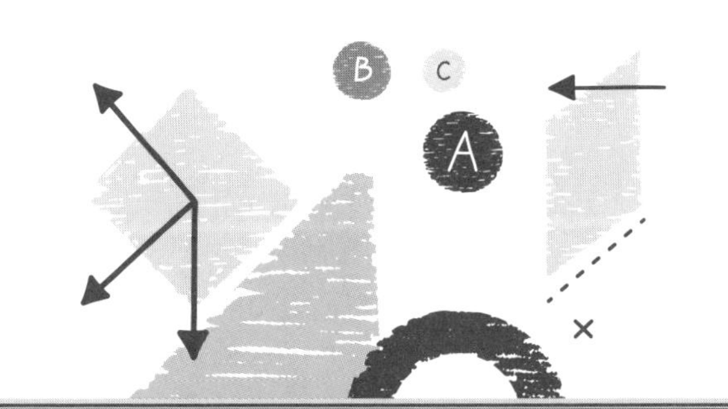

역사 속의 빛 이야기

양자물리학은 빛을 이해하려는 노력에서 시작되었다. 수천 년 동안 인류는 머리를 맞대고 빛이 무엇인지 고민했다. 최초로 빛에 관한 이론을 세운 사람은 기원전 5세기경 활동한 그리스 철학자 엠페도클레스Empedocles였다.

엠페도클레스는 인간의 눈에 불타는 마법의 돌이 들어 있다고 믿었다. 얼굴에서 외부로 불빛을 뿜어내는 그 돌이 우리가 보려는 모든 사물을 밝게 비춘다는 것이었다.[1] 기발한 생각이지만 여기에는 명백한 모순이 있다. 눈이 횃불처럼 빛을 발산한다면 우리는 어둠 속에서도 항상 볼 수 있어야 한다.

엠페도클레스는 또한 오늘날에 틀린 것으로 판명된 4원소(불, 물, 공기, 흙)설을 주장했으며, 생물 다양성에 관해서는 몸통 없이 세상을 떠돌아다니던 팔다리가 서로 무작위로 만나 동물이 된 결과라고 설명했다.

사실상 과학사에서 엠페도클레스가 맡은 임무는 다른 사람들이 틀렸다고 증명할 황당무계한 아이디어를 제시하는 것이었다. 그럼에도 그가 주장한 '눈이 내뿜는 빛' 개념은 오류가 드러나는 데 1,300년이 걸렸다.

인류가 엠페도클레스의 빛 개념을 폐기한 것은 아라비아 과학자 알하젠Alhazen이 등장한 이후다. 알하젠은 돼지 안구를 해부하여 빛이 마치 어두운 방에서처럼 눈 속 공간 안에서 반사된다는 사실을 증명했다. 즉, 빛은 주위의 물체에서 나오고 눈은 빛이 지나는 경로를 가로막을 뿐이다.[2]

인간의 눈이 마법 레이저를 쏘지 않는다고 확신하는 데 1,000여 년이나 걸린 것이 이상할지 모르겠으나, 그 시절은 지금과 달랐다. 당시 사람들은 사물이 존재하는 목적을 인간이 부여한다고 생각했으므로, 인간이 보지 않는다면 사물은 모습을 드러낼 필요가 없었다.

다행스럽게도 인간의 자존심보다 실험을 우선시해야 한다는 알하젠의 의견은 점차 받아들여졌고, 인류는 빛이 어떤 존재건 간에 사물에서 나와 일직선을 그리며 우리 눈으로 들어온다고 생각했다. 이제 르네상스의 막이 열린다.

르네상스 시대에 가장 큰 영향력을 끼친 과학자이자 철학자는 르네 데카르트René Descartes였다. 그는 알하젠에 이어서 빛의 물리적 성질에 관한 놀라운 아이디어를 제시했다.

데카르트는 촛불을 켜면 방 전체에 불빛이 퍼지는 현상과 연못 한가운데에서 시작된 잔물결이 연못 전체의 가장자리로 동시에 도달하는 현상이 같다고 생각했다. 그가 추론하기에 빛은 물결과 비슷했다. 따라서 사방으로 우리를 에워싸고 있지만 눈에는 보이지 않는 물질이 존재한다 생각하고, 그 물질에 플레넘plenum이라는 이름을 붙였다. 빛은 그 물질을 통해 파동이 전파된 결과였다.[3]

데카르트가 제시한 플레넘-파동설을 받아들이지 않은 유일한 사람이 아이작 뉴턴Isaac Newton이었다. 뉴턴은 자신보다 똑똑하지 않다고 생각하는 사람(기본적으로 모든 사람)의 의견에 맞서기를 일삼았다.

뉴턴은 빛이 매질을 타고 이동하는 파동이라면, 물결이 바위를 만났을 때 그 옆으로 살짝 돌아가듯 빛도 물체를 지날 때 그 곁으로 휘어져 지나가야 한다고 지적했다. 그리고 그러한 현상은 물체 그림자의 가장자리를 흐릿하게 만들지만, 실제 그림자는 윤곽이 뚜렷하므로 빛은 입자로 구성되어 있다고 생각하는 편이 더욱 이치에 맞는다고 주장하면서 빛 입자에 '미립자corpuscle'라는 이름을 붙였다.[4]

아니나 다를까, 빛의 미립자설은 데카르트의 플레넘-파동설보다 널리 받아들여졌는데 이는 뉴턴의 유명세와 더불어 그에게 도전장을 내민 자라면 누구든 가리지 않고 괴롭히는 뉴턴의 성미 때문이었다.

따라서 뉴턴이 토머스 영Thomas Young이라는 사내가 얻은 실험 결과를 들었다면 소스라치게 놀랐을 것이다. 뉴턴이 세상을 떠나고 70년이 지난 후 알려진 영의 실험 결과는 뉴턴의 예상과 정반대였다. 그 말인즉슨, 뉴턴이 죽고 70년이 지나서야 빛의 파동성을 확인하는 실험이 수행된 것이다. 파동성 실험을 한 토머스 영은 이후에 다른 실험을 거의 하지 않았다.

파동은 재간둥이

토머스 영은 18세기를 살았던 지성인 중에서도 가장 탁월한 자로 손꼽힌다. 그는 로제타석에 새겨진 이집트 상형문자를 해독한 최초의 현대인으로 널리 알려져 있다. 또 우리 눈에 색 수용체가 있음을 알아낸 최초의 인물로서 의학 서적 여러 권을 집필했고, 14개 언어를 구사하고, 10여 종류의 악기를 연주했으며 현대적인 탄성elasticity 이론을 발전시켰다.[5]

빛 이론을 정립하기 위해 '파장을 일으킨' 영의 실험은 1803년에 수행되었으며, 이중 슬릿double-slit(두 개의 틈새 - 옮긴이) 실험으로 유명하다.

연못 전체에 퍼지는 물결 이야기로 잠시 돌아가자. 잔잔한 수면을 타고 흐르는 물결의 고른 진동이 벽에 난 틈새를 통과한다고 상상해보라. 틈새를 통과해 벽 건너편으로 도착한 물결은 넓게 퍼지는데, 이 현상을 회절diffraction이라 부른다.

물결이 넓게 퍼지는 이유는 물결의 경계에서 에너지가 주위 연못 물로 분산되기 때문이다. 연못을 위에서 바라보면 아래 그림과 같은 파동의 패턴이 관찰되는데, 여기서 파동의 마루는 직선으로, 골은 점선으로 표현된다.

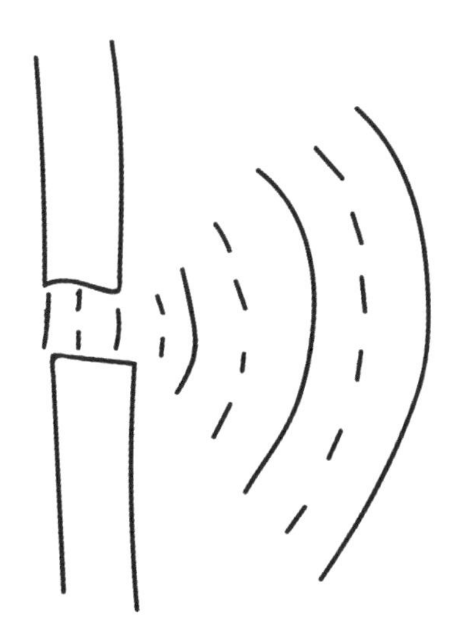

이제는 벽에 틈새가 두 군데 있다고 생각해보자. 틈새가 한 군데일 때와 같은 현상이 일어나긴 하겠지만, 두 틈새를 통과한 파동이 동시에 회절을 일으키며 특정 지점에서 겹치고 섞일 것이다. 이 모습을 위에서 바라보면 다음과 같다.

어떤 지점에서는 파동이 완벽하게 일치하면서 마루와 마루가 만나 거대한 마루 한 개로 보강된다. 이 큰 물결들 사이에서는 그와 반대되는 현상도 일어나는데, 서로 일치하지 않는 파동의 마루와 골이 만난다. 이 지점에서 파동은 상쇄되어 사라진다.

연못 가장자리에 스크린을 설치하면, 뒤섞인 파동은 스크린에 부딪히면서 파동이 상쇄되어 사라진 지점과 거대한 마루가 교차하는 무늬를 남길 것이다. 그 스크린을 위에서가 아닌 정면에서 바라보면, 물결이 남긴 무늬가 다음과 같이 관찰된다.

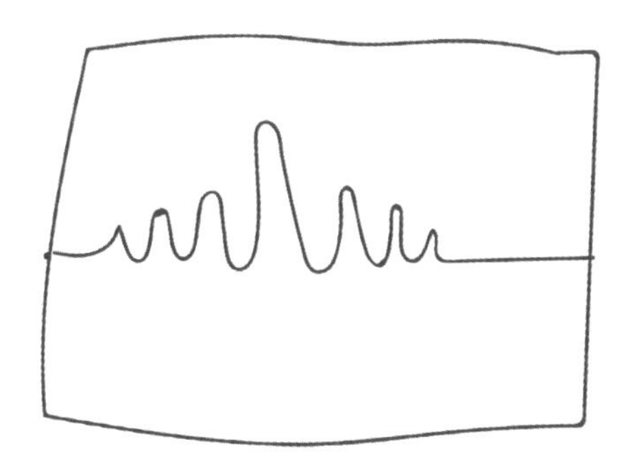

여기서 우리는 이중 슬릿을 통과하면서 회절된 파동에 간섭이 일어나고, 그 파동이 벽 건너편에 도착해 크고 작은 진폭이 교차하는 무늬를 남기는 현상을 확인한다. 이러한 현상을 '중첩superposition'이라 부른다.

토머스 영은 실험에서 연못 물이 아닌 빛으로 파동 중첩 무늬를 재현했다. 벽의 두 틈새에 촛불을 비추자, 연못에 물결을 일으켜 얻었던 중첩 무늬와 유사한 밝고 어두운 얼룩말 줄무늬가 검출기 스크린 위로 나타났다.

뉴턴이 주장했던 것처럼 빛이 입자로 이루어졌다면, 틈새를 통과한 입자는 스크린에 부딪혀서 한 줄의 흔적만 남겨야 한다. 하지만 실험으로 얻은 얼룩말 무늬를 설명하려면, 빛은 어떻게든 파동처럼 거동해야 한다.

뉴턴의 '윤곽이 선명한 그림자'설은 한동안 영향력을 떨쳤으나, 그가 세상을 뜨자 몇몇 사람이 뉴턴의 이론에 의문을 제기했다. 사실 그림자의 경계는 너무 좁아서 제대로 못 보고 지나치기 쉬우며, 자세히 관찰해보면 그 경계는 분명 흐릿하다. 그림자의 그 흐릿한 가장자리는 입자설로 설명할 수 없지만, 물체 주위를 에워 돌아가는 파동으로는 설명할 수 있다.

데카르트가 플레넘이라 불렀던 파동 전달 물질에 '빛을 전달하는 에테르luminiferous aether'라는 멋진 이름이 붙으며 마침내 빛의 본질이 확정되었다.

데카르트의 생각은 확실히 시대를 앞섰지만, 실험에서 증거가 나올 때까지 받아들여지지 않았다. 이는 '데카르트를 말 앞에 놓을 수는 없다'라는 격언을 떠올리게 한다('마차를 말 앞에 놓지 마라', 즉 일의 선후를 바꾸어서는 안 된다는 서양 속담을 이용한 말장난 - 옮긴이). 농담이 썰렁해서 하마터면 미안할 뻔했다.

세기의 파란

1900년대에 접어들자 아무도 빛의 구성 성분에 의문을 제기하지 않았다. 영이 해결한 덕분이었다. 하지만 앞뒤가 맞지 않는 구석도 있었는데, 특히 뜨거운 물체와 빛이 상호 작용할 때 기묘한 현상이 발생했다. 여기에 얽힌 미스터리를 이해하려면, 먼저 수도 호스에 관한 이야기부터 해야 한다.

수도 호스의 한쪽 끝이 상자 바닥에 꽂혀 있다고 상상해보자. 수돗물을 틀면 상자는 넘칠 때까지 물로 가득 채워질 것이다. 이 상자 뚜껑에 구멍을 세 개 뚫는다고 가정해보라. 구멍 하나는 작고 다른 하나는 크며 나머지 구멍은 중간 크기이다.

구멍 난 상자에 다시 수돗물을 틀자. 물은 상자를 점점 채우다가 뚜껑에 난 구멍으로 쏟아져 나오기 시작한다. 가장 큰 구멍에서는 많이, 가장 작은 구멍에서는 조금 흘러나올 것이다. 별 쓸모없는 상자이긴 하지만, 상상하기 어렵지 않다. 여러분이 상자에 물을 넣으면, 뚜껑에 난 구멍으로 물이 흘러 나온다.

이 상자 비유는 물체가 뜨거워지면 빛을 내는 이유를 눈에 보이는 것처럼 생생하게 설명해준다. 열을 가할수록 물체는 계속해서 열에너지를 흡수하다가, 충분히 열에너지를 흡수한 뒤에는 빛의 형태로 열에너지를 방출하기 시작한다.

상자 비유에서 수도 호스는 물체에 가하는 열을, 구멍은 방출하는 여러 종류의 빛을 의미한다. 가장 작은 구멍은 적외선(에너지가 너무 낮아서 눈에 보이지 않는 빛), 중간 크기 구멍은 가시광선(빨간색부터 보라색 빛까지), 가장 큰 구멍은 자외선(에너지가 너무 높아서 눈에 보이지 않는 빛)을 나타낸다.

물체는 색상이 어두워질수록 열-빛 변환 효율이 높아지며, 어느 시점 이후에는 가하는 에너지를 전부 흡수한다. 이처럼 이론적으로 완벽한 열 흡수체를 물리학 용어로 '흑체black body'라 부른다(이름 그대로 물체가 검은색이 아닐지라도).

이 모든 현상은 레일리-진스 법칙Rayleigh-Jeans law이라는 간단한 방정식으로 깔끔하게 기술되는데, 특히 물체의 온도가 차갑거나 상온인 경우는 실험을 수행해 얻은 결괏값과 방정식을 풀어서 얻은 계산값이 거의 일치한다. 그런데 물체가 아주 뜨거운 상태에서는 정말 이상한 현상이 일어난다.

논리적으로 따져보면, 뜨거운 물체가 방출하는 빛은 대부분 에너지가 높으므로 자외선이어야 한다(상자 비유에서 큰 구멍). 그런데 실제로 방출하는 빛의 에너지는 대부분 중간 범위에 해당한다.

뜨거운 물체가 방출하는 빛 중에서 적외선과 자외선은 아주 적고 노란색/주황색 빛이 대부분이다. 하지만 이는 앞뒤가 맞지 않는다. 상자에 물을 가득 채웠더니, 가장 큰 구멍이 아닌 중간 크기 구멍에서 물이 전부 흘러나오는 셈이기 때문이다.

실제로 빛은 자외선, 가시광선, 적외선 세 종류에 국한되지 않으며 지닐 수 있는 에너지의 세기에 제한이 없기 때문에 현실은 우리가 상상한 구멍 세 개 상자보다 훨씬 당혹스럽다. 구멍 난 상자보다 더욱 정확하게 비유하면, 상자 뚜껑에 뚫린 길쭉한 틈새에서 양 끝을 제외한 중간 부위에서만 물이 새어 나오는 장면을 상상할 수도 있겠다.

이 같은 기묘한 현상은 물리학자 파울 에렌페스트Paul Ehrenfest가 '자외선에 일어난 파탄'[6]이라 불렀고, 그 후 많은 물리학 책에서 '자외선 파탄ultraviolet catastrophe'으로 언급되며 유명해졌다.

여러분이 현재 직면한 상황은 이론과 실험의 불일치이다. 그리고 과학 분야에서 바뀌어야 하는 쪽은 늘 이론이다. 실험하기 전에는 그 실험의 결과가 어떠할지 장담할 수 없다. 만약 이론이 실험의 결괏값을 예측하지 못한다면 그 이론과는 작별해야 한다.

자외선 파탄은 빛에너지 작용에 대한 잘못된 생각이 빚어낸 결과다. 이 잘못된 생각을 조금씩 수정해가다가 마침내 인류가 양자 혁명의 길로 들어서게 되리라고는 누구도 예상하지 못했다. 자외선 파탄 문제에 답을 제시한 인물조차도 그토록 혁신적인 일을 하려고 했던 것은 아니었다. 값싼 전구를 만들고 싶었을 뿐이었다.

플랑크가 유명해지기 전

막스 플랑크Max Planck는 여섯 남매 중 막내로 태어나 학급 친구들보다 1년 이른 1875년에 고등학교를 졸업했다. 그는 뮌헨대학교에 물리학 전공으로 지원했지만, 교수 필립 폰 욜리Philipp von Jolly가 거의 완성 단계에 도달한 물리학을 전공하는 것은 지적 능력 낭비라 생각해 플랑크를 만류했다.[7]

욜리의 진지한 설득에도 플랑크는 물러서지 않고, 자신이 원하는 공부를 할 수 있도록 허락해달라고 요청했다. 업적 쌓기에 연연하지 않았던 플랑크는 설령 새로운 발견을 하지 못하더라도 괜찮다고 생각했다. 그저 세상이 어떻게 돌아가는지 탐구하고 싶었기에, 욜리로부터 거절한다는 답변이 오더라도 받아들이지 않을 작정이었다. 플랑크는 뜻을 굽히지 않았다.

그의 고집스러운 태도에 마음이 움직인 욜리는 결국 플랑크를 받아들이기로 했다. 얼마 지나지 않아 플랑크는 유럽 물리학계에서 존경받는 인물이 되었다. 소문에 따르면 그의 강의는 대단히 인기가 많아서 청중들이 어깨가 서로 맞닿을 정도로 빽빽하게 들어찼다. 강의 도중에 무더위로 실신하는 사람들도 나타났지만 플랑크가 무사히 강연을 마칠 수 있도록 아무도 쓰러진 사람을 돌보지 않았다고 한다.

독일 표준화 기구Deutsches Institut für Normung에서 플랑크에게 관심을 갖게 된 것도 그의 명성 덕분이었다. 표준화 기구는 그에게 전기 가로등을 개발하는 데 도움을 줄 수 있는지 물었다. 다른 나라로부터 전기가 활발하게 보급되고 있었지만 가격이 비쌌기 때문에 당시 독일은 더욱 효율적인 기술을 찾고 있었다. 플랑크는 그 요청을 흔쾌히 수락하고, 뜨거워진 전구가 내뿜는 빛과 열 사이에 어떤 연관성이 있는지 분석하는 연구에 돌입했다.[8]

전구 속 필라멘트는 사실상 '흑체'이다. 필라멘트 내부로 열을 가하면 필라멘트 표면은 그 열에너지를 흡수해 대부분 가시광선으로 방출한다. 그런데 전구가 뜨거워질수록 레일리-진스 법칙을 통해 예상되는 종류의 빛을 방출하지 않는 현상을 관찰한 플랑크는 빛 에너지를 일종의 기체로 간주하는 새로운 법칙을 고안했다.

기체 속에서 입자들은 무작위로 날아다니다가 서로 충돌하면 지니고 있던 열을 공유한다. 순전히 우연에 의해 어떤 입자는 낮은 에너지, 다른 입자는 높은 에너지를 지니게 되겠지만, 대부분의 입자 에너지는 우리가 온도라고 부르는 에너지 평균값에 수렴한다.

플랑크는 이 에너지 분포가 전구 실험에서 관찰한 결과와 일치한다는 것을 깨달았다. 뜨거워진 물체가 방출하는 빛에너지는 대부분 중간 범위에 해당하며, 일부만 높거나 낮은 에너지 범위에 해당한다. 따라서 그는 기체 속에서 입자들이 열을 공유하는 것과 같은 방식으로, 빛줄기들도 에너지를 공유한다는 아이디어를 제안했다.

다만, 기체가 열을 공유하는 현상은 기체가 입자로 쪼개져 있기에 가능하다는 점이 문제였다. 플랑크의 아이디어가 실현되려면 빛도 입자로 구성되어야 했다.

따라서 그는 작은 빛 입자에 양quantity이라는 의미의 라틴어 퀀티타스quantitas에서 따온 '양자quanta'라는 이름을 붙이고, 묵묵히 연구를 이어나갔다.

분명하게 밝히자면, 플랑크는 빛이 입자로 이루어져 있다고 진심으로 주장하지는 않았다. 오히려 빛 입자는 터무니없다고 생각했다. 자포자기한 그는 관찰한 결과가 합리적인 것처럼 보이기 위해 바보 같은 수학적 속임수를 쓰기도 했다. 당시 사람들은 영의 실험에 영향을 받아, 빛이란 '빛나는 에테르'를 타고 이동하는 파동이라 믿었다. 뉴턴이 내놓은 빛의 미립자설은 사람들의 머릿속에서 오래전에 사라진 후였다.

플랑크에게 빛 양자란 진심으로 받아들여지지 않는 미완의 답이었다. 그래서 양자가 실제로 존재한다는 연구 논문을 읽고 그는 깜짝 놀랄 수밖에 없었다. 그러고는 널빤지plank처럼 뻣뻣하게 굳어버렸다.

2장

조각난 빛

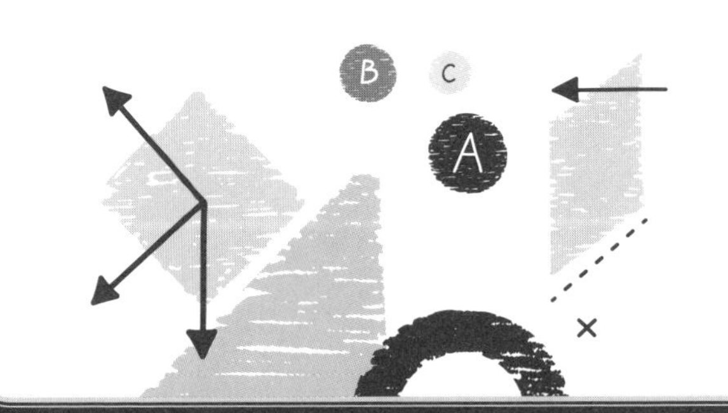

그 박사 누구야?

1905년 무렵 플랑크는 양자 가설에 관해서는 대부분 잊어버린 채 세계에서 가장 권위 있는 물리학 저널인 〈물리학 연보Annalen der Physik〉의 선임 편집자로 일하고 있었다. 저널 편집자로서 일한다는 건, 서류함으로 배달된 황당한 제안들을 읽어본 뒤에 대부분 폐기한다는 것을 의미한다.

1905년 3월 플랑크에게 빛의 구성 성분이 입자라고 주장하는 논문이 배달되었는데, 억지로 숫자를 끌어다 맞추지는 않았지만 처음에는 미치광이의 헛소리처럼 느껴졌다. 그 논문은 고등학교 교사 자격이 있는 26세 무명 아마추어 스위스 물리학자가 보낸 것이었다. 그런데 논문에 담긴 물리 이론은 흠잡을 데 없이 완벽한 데다, 지난 몇 년간 다른 사람들을 괴롭혔던 난제를 해결했다.

플랑크는 처음에 그 논문을 믿을 수 없어서 자신의 조수를 스위스로 보내 'A. 아인슈타인Einstein'이라는 연구원이 실존 인물인지, 혹은 다른 누군가가 비웃음당하기 싫어서 가명을 쓴 것은 아닌지 확인했다.[1] 그리고 그 아인슈타인이 실존 인물이란 사실을 확인하자(비록 박사 학위도 없는 풋내기이긴 했지만), 플랑크는 망설임 없이 논문을 저널에 실었다. 그가 제안했던 말도 안 되는 빛-양자 가설이, 어쩌면 말이 될지도 모를 일이었다.

아인슈타인의 논문은 광전효과photoelectric effect라 부르는 현상을 다루었다. 내용을 간단히 말하자면, 매끈한 금속 조각에 빛을 가하면 금속 원자의 바깥쪽에 있던 전자가 떨어져 나와 금속 표면으로부터 방출되는 현상이다.

광전효과가 발생하는 이유는 전자가 빛을 흡수하기 때문이다. 전자에 가하는 빛에너지가 충분히 강하면, 전자는 그 빛을 흡수하면서 원자핵과의 결합에서 자유로워진다. 이 현상 자체는 그다지 흥미롭지 않으나, 모든 색상의 빛이 같은 효과를 내지 않는다는 점에서 상당히 놀랍다.

금속마다 다르긴 하지만, 일반적으로 빨간색, 주황색, 노란색 빛은 금속 표면에 아무런 변화를 일으키지 못하는 반면에 녹색, 파란색, 보라색 빛은 전자를 떼어낸다. 이는 빨간색, 주황색, 노란색 빛보다 녹색, 파란색, 보라색 빛의 에너지가 강하다는 측면에서는 말이 된다. 그런데 이상하게도 (파란색 빛과 에너지 세기가 같아질 때까지) 빨간색 빛의 밝기를 계속 증가시켜도 아무런 변화가 일어나지 않는다.

우리는 양자 에너지를 전자-볼트(짧게 줄여 eV)라는 단위로 측정하는데, 10 eV의 빨간색 빛은 10 eV의 파란색 빛과 같은 양의 에너지를 지닌다. 그렇다면 어째서 에너지양이 같은 두 빛은 똑같은 효과를 내지 않는 걸까? 빨간색 빛 10 eV와 파란색 빛 10 eV는 같지 않은 걸까? 플랑크가 제안한 빛-양자 가설을 진지하게 따져봤을 때, 두 빛은 같지 않다고 아인슈타인이 밝혔다. 10이 다른 10과 언제나 같은 것은 아니라는 것이다.

손에 쥔 사과에 노벨상 두 개의 가치가 있다

누군가가 손에 사과를 쥔 채 팔을 뻗고 있다고 상상해보자. 여러분이 이 사람의 손을 향해 물총을 쏜다면(왜 이런 짓을 하는지는 묻지 말 것. 물리적 비유를 든 것이다), 물줄기가 어느 정도 강해질 때까지 이 사람은 사과를 쥐고 있을 것이다. 물줄기가 손의 악력보다 강해지는 순간 사과는 공중으로 날아간다.

사과가 손에 쥐어진 것처럼 전자는 일정량의 에너지로 원자에 묶여 있는데, 전자에 가하는 빛의 색상과는 상관없이 밝기가 강해지면 전자는 원자로부터 벗어나야 한다. 하지만 실험 결과는 그렇지 않으므로, 다시 한번 기존 이론은 구겨서 버리고 새로운 시도를 해보아야 한다.

빨간색 빛을 떠올린 다음, 플랑크가 제안한 것처럼 그 빛이 작게 조각나 있다고 상상해보자. 빛의 각 조각에는 일정량의 에너지가 들어 있을 것이다. 파란색 빛도 같은 개수로 조각날 수 있는데, 각 조각이 지닌 파괴력은 빨간색 빛보다 강하다.

빛에너지를 부드러운 물줄기가 아닌 입자 개념으로 생각해보라. 빨간색 빛의 양자는 탁구공과 비슷할 것이다. 사과를 쥔 누군가의 손에 탁구공을 쏜다면 아무리 세게 공을 쏘아도 사과는 꿈쩍하지 않을 것이다. 그 사람에게 탁구공 한 양동이를 투척할 수도 있겠지만 사과에 미치는 공의 영향력은 미약하다. 따라서 빨간색 빛은 밝기를 강하게 조절해도 특별히 변화하는 것이 없다.

반면에 파란색 빛 양자는 대포알에 가깝다. 만약 사과를 쥔 손에 파란색 대포알을 발사한다면 사과는 물론이고 쥐고 있던 손까지도 날아가 버릴 것이다.

탁구공 100개의 에너지를 합치면 대포알 하나와 같을 수 있겠지만 파괴력은 대포알 하나가 더 클 것이다. 그러므로 빛이 입자로 쪼개져 있다고 가정한다면 빛의 전체 에너지는 그리 중요하지 않다. 중요한 것은 빛의 색이다.

아인슈타인 관점에서 플랑크의 빛 양자론에는 실제 물리적 의미가 담겨 있었다. 양자론은 답에 가까이 다가가게 해주는 수단이 아니라 문자 그대로 답이었다. 빛은 입자였다. 아인슈타인의 증명 이후 화학자 길버트 루이스Gilbert Lewis는 빛 입자가 '양자'보다 더 매력적인 이름을 지녀야 한다고 생각하여 그리스어로 빛을 뜻하는 '광자photon'라는 이름을 붙였고, 오늘날에도 이 명칭이 널리 쓰이고 있다.[2]

플랑크와 아인슈타인은 빛의 물리학에 새로운 접근을 한 공로로 1918년과 1921년에 각각 노벨상을 받았다. 길버트 루이스는 아쉽게도 노벨상을 받지 못했지만 '지피jiffy'라는 단어를 고안하여 명성을 얻은 데다 콧수염도 멋지게 길렀으니, 어쨌거나 이들 모두가 승자였다.

음…… 아인슈타인? 문제가 있어

빛이 입자라는 아인슈타인의 증명은 플랑크의 양자론이 사실임을 밝혔으나, 영이 제안한 빛의 파동설에는 위배되었다.

광전효과와 자외선 파탄은 빛이 입자여야만 설명할 수 있었다.

반면에 이중 슬릿 실험은 빛이 매질을 통해 전달되는 파동임을 증명했다.

제안된 두 가설이 정면으로 충돌하면 과학자들은 둘 사이의 차이점을 드러내는 실험을 수행하여 문제를 해결한다. 그런데 두 실험 자체가 정면으로 충돌한다면 우리는 도대체 어떻게 해야 할까? 이런 상황은 과학계에 처음 발생한 일이었기 때문에 학자들은 빠져나갈 구멍을 찾아야 했다.

어쩌면 영의 이중 슬릿 실험 결과를 광자 개념으로 설명할 수 있을 것이다. 빛 방출기가 기관총처럼 빛을 연속해서 쏘면, 빛 입자들이 공중에서 서로 충돌하여 얼룩말 무늬를 만드는 것은 아닐까?

이 가설이 맞는지 확인하는 가장 좋은 방법은 광자들이 이중 슬릿을 통과할 때 상호 작용할 가능성을 제거하는 것이다. 광자를 기관총으로 난사하는 대신, 저격용 소총으로 하나씩 하나씩 발사해야 한다.

이 실험을 구현하기 위한 다양한 방법이 수년간 고안되었는데, 그중 1994년 히타치日立 직원인 도노무라 아키라外村彰가 수행한 실험이 단연 돋보인다.[3] 탱크, 냉장고, 마사지 기계를 생산하는 기업 히타치는 최고로 정밀한 이중 슬릿 실험에 관련된 권리를 소유하고 있다.

도노무라가 구성한 실험의 세부 내용은 토머스 영이 했던 실험과 상당히 다르지만 목표는 같으므로 여러분이 이해하기 단순하고 편하도록 동일 용어로 설명하려 한다. 실제로는 내가 이야기하는 것처럼 그리 간단하지 않다.

도노무라의 실험에서 빛 방출기는 두 개의 슬릿을 향해 광자를 발사하며 빛의 세기를 강하거나 약하게 조절할 수 있었다. 방출기 맞은편에 설치된 검출기 스크린은 무언가가 부딪히면 빛을 내는 물질로 만들어져 있어서 광자가 닿는 곳마다 빛의 흔적이 새겨졌다.

이전에 영이 했던 것처럼 도노무라가 빛을 뭉텅이로 쏘자 예상했던 얼룩말 무늬가 얻어졌는데, 방출기 세기를 낮추어 한 번에 광자 한 알씩 쏘자 심각할 정도로 이상한 결과가 나왔다.

처음 몇 분 동안은 흥미로운 결과가 나오지 않았다. 광자는 하나씩 날아가 슬릿을 통과하고 검출기 스크린에 무작위로 부딪혔다. 그런데 시간이 흐르면서 스크린 가운데에 점으로 이루어진 띠무늬가 아래와 같이 형성되었는데…… 어디서 많이 본 것 같지 않은가?

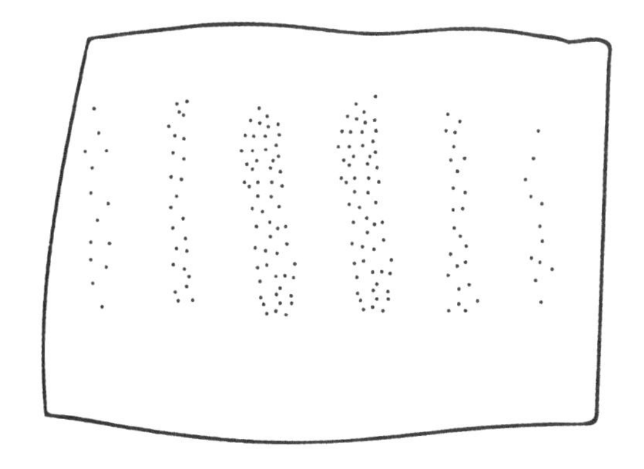

입자가 하나씩 발사되는 상황에서는 이 같은 무늬가 그려질 수 없다. 얼룩말 무늬는 슬릿을 통과한 광자가 다른 슬릿을 통과한 다른 광자와 섞여야만 나타난다. 광자를 하나씩 발사하면 다른 광자와 섞일 수 없다. 광자를 간섭하는 존재가 없는데, 어떻게 간섭무늬가 형성되는 것일까? 광자는 어떻게 두 개의 슬릿을 동시에 통과하는 것일까?

양자 바지

예전에 세탁물 더미 속에서 파자마 바지를 꺼내는 도중에 내가 그 바지를 입고 있다는 것을 깨닫고 혼란에 빠진 적이 있다. 잠시 넋이 나가 우두커니 서 있던 나는 바지가 중첩된 상태에 놓여 있다고 믿어버렸다.

그때까지 나는 똑같은 바지를 두 벌 갖고 있다는 것을 전혀 눈치채지 못하고 있었다. 변명 한마디만 하자면, 그 무렵 나는 양자물리학에 빠져 있었다. 양자물리학은 결코 간단하게 설명되지 않으며, 간단한 설명은 전혀 통하지 않는다.

이중 슬릿 실험은 빛이 방출기로부터 나오는 지점에서는 입자처럼 거동하다가 슬릿을 통과하면서는 파동처럼 거동할 수 있다는 것을 보여준다.

만물이 상식적으로 움직이는 아이작 뉴턴의 고전물리학 관점에서 볼 때, 입자와 파동은 완전히 다른 존재다. 그런데 양자론이 둘 사이의 경계를 흐리기 시작했다.

보어가 말한다, 너무 복잡하다고

아인슈타인이 노벨상을 받은 무렵, 축구광[4]이자 덴마크의 젊은 물리학자인 닐스 보어는 양자론을 원자 세계에 적용하고 있었다.

원자는 모여서 중심핵을 이루는 양성자 입자와 벌집 주변에서 비행하는 벌처럼 양성자 외곽을 도는 전자로 구성되어 있다. (주의: 핵의 또 다른 구성 물질인 중성자는 이 시점에 발견되지 않았다.)

원자가 방출하는 빛은 그 원자 고유의 성질로 알려져 있었다. 예컨대 뜨겁게 달궈진 철은 달궈진 니켈과 다른 진동수의 빛을 방출하고, 반대로 빛을 흡수할 때도 서로 다른 색의 빛을 흡수한다. 과거에는 빛을 파동적 성질을 띠는 부드러운 물질로 간주했기 때문에 이 같은 현상을 설명하기 어려웠지만, 빛이 특정 에너지를 지닌 입자로 이루어져 있다고 알려지면서 빛과 물질의 상호 작용을 해석할 수 있게 되었다. 광자가 특정 값의 에너지를 지녔듯이, 전자도 고유 에너지를 지닌다는 근거가 마련된 것이다.

보어가 주장하는 양자론 기반 원자에 속한 전자들은 무작위로 핵 주위를 돈다고 설명되지 않는다. 그들은 원자 중심에서 특정 거리만큼 떨어져 있으며 눈에 보이지 않는 구球 표면을 여행한다. 보어가 그 구에 '보비트Bohrbit'라는 이름(보어Bohr+궤도orbit-옮긴이)을 붙였으면 좋았겠지만, 그는 '전자껍질electron shell'이라고 명명했다.

보어의 원자는 태양계와 유사한 3차원 구조로 묘사되며 오늘날까지도 사람들이 그리는 원자 모형으로 인기가 높다. 그러나 원자 속 전자와 태양계 속 행성에는 차이점이 있는데, 행성은 태양에서 얼마나 떨어졌는지에 관계없이 태양 주위를 돌 수 있다. 중력은 우주의 모든 지점에서 적용되며 둘 사이 거리가 멀어질수록 서서히 감소하므로, 행성이 다시 끌려가지 않도록 적당한 속력을 유지하며 태양에게서 멀어진다면 어떠한 궤도라도 허용된다.

양자론에서 말하는 전자껍질은 행성 궤도와 다르다. 에너지가 특정 값으로 조각나 있기 때문에(이를 양자화되어 있다고 말한다), 전자가 가질 수 있는 에너지값에 제약이 생긴다.

에너지가 낮은 전자는 핵에 가까운 껍질에 고정되어 있는데, 광자를 흡수해 에너지를 얻으면 핵에서 멀리 떨어진 껍질로 올라간다. 껍질 사이의 거리가 고정되어 있다는 점을 감안하면 전자는 특정 에너지로만 도약할 수 있으며, 따라서 원자는 특정 에너지의 빛과 상호 작용하게 된다.

두 껍질 사이의 거리가 에너지 20 eV에 해당한다고 가정하자. 전자가 에너지 20 eV를 포함한 광자를 흡수한다면 바깥쪽 껍질로 완벽하게 도약할 수 있다. 그러나 19 eV의 광자는 원자에 가해도 아무런 일이 일어나지 않을 것이다. 19 eV 값의 도약은 허용되지 않으므로, 그 광자는 마치 거기에 원자가 없는 것처럼 무의미한 존재가 될 것이다.

이는 전자가 두 껍질의 사잇값에 해당하는 에너지로 존재할 수 없음을 의미한다. 따라서 전자는 광자를 흡수하여 더 높은 준위의 껍질로 도약하는 과정에 두 껍질 사이의 중간 지대를 거치지 않는다. '양자 도약'이라는 단어처럼 전자는 안쪽 껍질에서 바깥쪽 껍질로 순식간에 이동한다. 전자가 껍질 사이를 순간이동 한다고 말하려는 것은 아니지만, 전자 이동과 순간이동은 무서울 정도로 닮았다.

양자 도약은 특정 껍질에 있던 전자가 사라진 뒤 다른 껍질에 다시 나타나는 현상으로, 그 과정에 순간적으로 광자를 흡수(에너지를 얻음)하거나 방출(에너지를 잃음)한다. 역설적이게도 일상에서 쓰는 '양자 도약'이란 용어는 큰 변화를 의미하는 경향이 있지만, 실제 양자 도약은 말 그대로 할 수 있는 가장 작은 변화를 뜻한다.

보어는 전자가 특정 에너지 궤도를 돌다가 다른 궤도로 양자 도약하는 이유를 확신할 수 없었다. 하지만 설명이 필요했던 부분이 잘 해결되었기 때문에 이에 관한 아이디어들을 대충 조합하고 나서 더는 고민하지 않기로 했다.

본질적으로 보어는, 어린아이가 부모의 서랍장에서 자투리 천 여러 장을 훔친 뒤 얼기설기 엮어 정성스럽지만 겉보기에 예쁘지 않은 조각보를 만든 것처럼, 현존하는 물리학 아이디어를 엮어 하나의 콜라주로 완성했다. 그런데 이 같은 일을 보어보다 잘한 사람이 아무도 없었기에 많은 사람이 그의 콜라주 작품을 받아 냉장고에 붙였다.

물리학은 지루해질Bohring 새가 없다

양자 도약은 다른 측면에서도 상당히 중요한 내용을 설명한다. 양성자는 전자를 끌어당긴다. 광전효과에서 전자가 극복해야 하는 것이 바로 이 인력이다. 우리는 입자가 서로를 끌어당기게 하는 특성을 '전하charge'라 부르며 양성자는 양전하를, 전자는 음전하를 지닌다고 임의로 정했다. 같은 전하를 띤 입자들은 극성이 같은 자석들이 만났을 때처럼 밀어내고, 반대 전하를 띤 입자들은 서로 끌어당긴다.

전하는 벤저민 프랭클린Benjamin Franklin이 번개 치는 날에 연을 날리며 실험(도시 전설이 아니라 실제로 했던 실험이다)했던 시절부터 알려져 있었다.[5] 실제로 전하는 복잡한 개념이지만(12장에서 알아볼 것이다), 무엇이 전하를 발생시키는지 알든 모르든 재미있는 의문 하나를 갖게 만든다. 전자와 양성자는 반대 전하를 띠고, 반대되는 전하는 서로를 끌어당긴다고 하는데, 원자에서는 왜 전자가 핵을 향해 소용돌이를 그리며 끌려간 끝에 수축되는 현상이 일어나지 않을까? 원자는 왜 파괴되지 않는 것일까?

이 질문에 보어는 양자 에너지 원리에 위배되기 때문이라고 대답한다. 에너지 준위가 가장 낮은 껍질을 채운 전자, 즉 핵에서 가장 가까운 전자는 에너지 사다리의 가장 아래쪽 가로대에 놓여 있다. 만약 그 전자가 핵을 향해 안쪽으로 서서히 이동하기 시작한다면, 그것은 허용되지 않는 에너지 값을 취하는 것과 마찬가지라는 의미다.

가장 안쪽 껍질에 자리를 잡고 나서 에너지를 잃는 유일한 방법은 사다리에서 벗어나 원자 밖으로 사라지는 것이다. 전자 입장에서는 핵을 향해 움직이고 싶을 수 있지만, 양자 에너지 원리가 전하의 인력 규칙에 앞선다.

전자의 왕

유럽에서 양자론이 싹트기 시작할 무렵, 영국 입자물리학계의 우두머리가 물리학자 J. J. 톰슨Joseph John Thomson이었음을 부정할 사람은 아무도 없다. 그는 전자가 음전하를 띤다는 사실을 최초로 발견했을 뿐 아니라, 그것을 증명했다.

오늘날 톰슨의 유골은 아이작 뉴턴 옆에 묻혀 있으며, 케임브리지대학교 과학부는 J. J. 톰슨 거리에 자리 잡았다. 아, 그리고 톰슨은 기사 작위는 물론 노벨상도 받았다. 그의 여섯 제자가 그랬듯이.

그렇다면 양자 바지는 발견했을까?

전자와 그 특성을 발견한 것은 톰슨에게 가장 영광스러운 업적이었다. 그는 음극선이 휘어지는 현상을 발견하고 그 선의 무게를 계산했다. 음극선에는 질량이 있으므로 입자로 이루어진 것이 분명했다.

1897년 4월 30일 톰슨이 발견한 내용을 처음으로 발표하자 몇몇 사람들은 강의가 끝나고 그에게 다가와 그럴듯하게 속임수를 썼다며 축하 인사를 건넸다.[6] 그 무엇도 원자보다 작을 수는 없다면서. 확실한가?

전자는 실재한다. 그러니 착각하지 말도록. 가장 작은 원자인 수소보다 2,000배는 더 가볍지만, 분명 실재한다. 톰슨은 뉴턴을 기리는 마음에서 전자를 미립자corpuscle라 부르길 바랐고, 미국 물리학자 칼 앤더슨Carl Anderson은 음전자negatrons[7](우리가 상상할 수 있는 최선의 이름)라고 명명하고 싶었으나, 최종적으로 전자라는 이름이 채택되었다.

톰슨은 탁월한 제자를 여러 명 배출했는데, 그중에는 원자핵을 발견한 어니스트 러더퍼드Ernest Rutherford, 원자핵 주변의 껍질에서 전자가 궤도 운동을 한다고 밝혀낸 닐스 보어가 있다.

톰슨의 제자들이 발견한 가장 놀라운 현상은 전자가 언제나 입자로 존재하지 않는다는 것이다. 전자는 이따금 광자와 마찬가지로 파동처럼 행동했다. 이 현상은 J. J. 톰슨의 아들인 조지 톰슨George Thomson이 발견했다.

빛이 때로는 입자로, 때로는 파동으로 행동하는 현상에 관심이 있었던 조지 톰슨은 전자도 그러한지 확인하고 싶었다.

전자도 파동의 성질을 지녔으나 그토록 오랫동안 그 사실이 알려지지 않았다는 것은, 분명 파동의 세기가 약하기 때문이었다. 따라서 전자를 회절시키는 실험을 하려면 아주 작은 이중 슬릿 장치가 필요했지만(약한 파장에는 이중 슬릿 간격이 좁은 장치가 필요), 그런 장치를 만들기는 쉽지 않았다.

이 난관을 극복하기 위해 조지 톰슨은 영화 촬영용 카메라에 사용하는 것과 같은 종류의 셀룰로이드 필름을 구했다. 셀룰로이드를 구성하는 원자는 원자 저울의 이중 슬릿처럼 일정한 간격을 두고 줄지어 있는데, 조지는 전자선을 그 필름에 대고 쏘았다.

예상대로 전자선은 필름 맞은편에 얼룩말 무늬를 그렸으며, 이는 전자가 파동처럼 서로를 간섭한다는 의미였다. 모든 사람이 입자라고 생각한 전자가 빛처럼 중첩과 회절을 일으킨다는 사실이 밝혀졌고, 조지 톰슨은 노벨상을 받았다.

J. J. 톰슨은 전자가 입자임을 증명해 1908년 노벨상을 받고, 그의 아들은 전자가 입자가 아님을 증명해 1937년 노벨상을 받은 역사가 믿기지 않을 정도로 놀랍다. 나는 톰슨 일가의 어색한 크리스마스 저녁 풍경을 상상하길 좋아하는데, 알록달록한 고깔모자를 쓴 채 마주 보고 앉아 잔뜩 찌푸린 표정으로 노벨상 메달을 윤기 나게 닦는 톰슨 부자 사이에 톰슨 부인이 불편한 자세로 앉아 있다. "건포도 푸딩 먹을 사람?"

3장

귀족, 폭탄 그리고 꽃가루

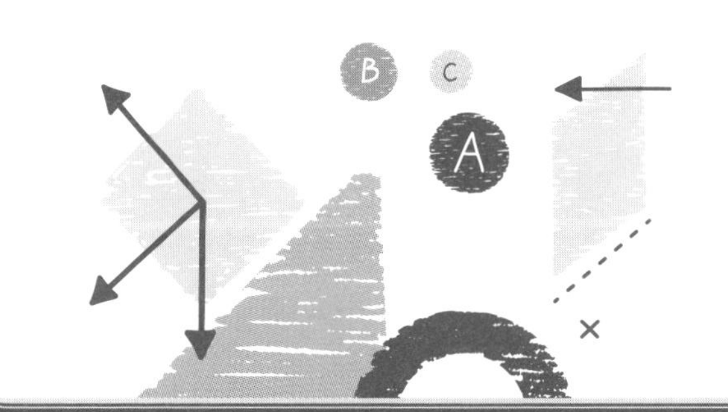

이중성 귀족

수년 전 흐릿한 기억 속의 어느 날, 대학교 면접에 참석한 나는 양자론에 대해 아는 것이 있는지 묻는 네 명의 저명한 과학자들 앞에 앉아 있었다. 면접관들은 대학 지원서에 양자론을 언급한 어리석은 나를 마구 다그쳐서 에너지 껍질 한두 개 밑으로 떨어뜨리고 싶어 했다.

내가 파동과 입자에 대한 여러 사실을 장황하게 늘어놓자 면접관 중 한 명이 손을 들어 내 이야기를 끊었다. "그래서, 전자는 입자입니까? 파동입니까?" 그녀는 무척 정중하게 묻고는 뒤로 기대앉아 내가 허둥대는 걸 지켜보았다. 지금은 그때 경험이 그다지 씁쓸하게 느껴지지 않지만, 엄밀히 말하면 면접관은 내게 대답할 수 없는 질문을 던진 것이었다.

전자와 광자가 파장과 입자를 오가며 다르게 행동하는 신비한 현상을 '파장-입자 이중성wave-particle duality'이라 부른다. 이 개념은 프랑스 귀족인 제7대 공작 루이 피에르 레몽 드브로이Louis Pierre Raymond, 7th Duc de Broglie(짧게 줄여 루이 드브로이)가 처음 고안했다. 드브로이는 제1차 세계대전 동안 군 복무를 했고 이후에는 역사와 물리학 공부를 병행했는데, 두 학문 모두 인류의 과거와 미래를 이해하는 데 중요하다고 생각했기 때문이다.

드브로이가 20대에 접어들자 과학계의 주요 과제로 양자론이 떠올랐다. 그는 양자론의 중심에 놓인 수수께끼에 관해 논문을 쓰기로 마음먹었다. 우주에 입자도 파동도 아닌 물질이 존재하며, 우리가 그 물질로 어떠한 실험을 하는지에 따라 물질 형태가 변화하는 현상은 가능할까? 방법은 모르지만, 전자와 광자는 입자와 파동 사이를 깡충깡충 뛰어서 오갔던 것일까? 침팬지 수준으로 미숙한 인간의 두뇌가 자연이 실제로 양자 수준에서 하는 일을 다룰 수 있을까?

파동을 고려할 때 우리는 진동수(파동이 1초당 여러분을 때리는 횟수)와 파장(파동에서 두 마루 사이가 떨어진 거리)을 이용해 파동에 얼마나 큰 에너지가 담겨 있는지 계산할 수 있다.

또 움직이는 입자의 에너지는 질량과 속도를 사용해 계산할 수 있다는 것을 토대로, 드브로이는 다음 질문을 던졌다. '입자와 파동의 에너지가 서로 동등하다고 생각해보면 어떨까?' 입자로 생각되는 대상의 특성을 알면, 그 대상의 에너지를 계산한 다음 우리의 사고를 전환해 그 계산값을 파동 에너지로 변환하는 것이다. 이때 에너지는 파동물리학과 입자물리학 사이에서 번역가 역할을 한다.

드브로이가 처음 이 제안을 했을 때는 회의론에 부딪혔다. 모든 입자에 파장이 있으며 모든 파동에 질량이 있다는 당시 사람들의 의견은 진심이었던 걸까? 다행히도 알베르트 아인슈타인은 드브로이의 아이디어를 많이 좋아했고, 강연에서 드브로이의 가설을 지지하기 시작했다(드브로이 입장에서는 전혀 나쁠 게 없다).

드브로이의 접근법에 따르면 여러분은 어떤 입자를 가졌든 그 입자에 '연관된 파장'을 계산할 수 있다. 또 적당한 크기의 이중 슬릿 장치를 만들어서 갖고 있는 입자를 장치로 쏘면 맞은편에 간섭무늬를 그릴 수도 있다. 입자와 파동의 특성을 동시에 지니는 존재를 시각적으로 나타내는 것은 불가능할지 모르지만, 그 존재를 계산하여 신뢰할 수 있는 데이터를 얻는 것은 분명 가능하다.

이런 실험도 가능하다. 1944년 어니스트 울란Ernest Wollan은 드브로이의 이론을 활용해 전자보다 수천 배 무거운 중성자를 식용 소금 결정체에 통과시켜 회절을 일으켰다.[1] 양성자도 마찬가지로 전자처럼 회절할 수 있는데, 놀랍게도 그 실험은 누가 최초로 했는지 기록으로 남아 있지 않다. 이제야 깨달은 건데, 그게 바로 나라는 말은 대학교 지원서에 적지 말았어야 했다.

조금은 극단적인

양성자, 중성자, 전자가 모두 파동처럼 행동한다는 사실을 깨닫는 것은 심오하면서도 특별하다. 세상의 모든 물체는 양성자, 중성자, 전자로 구성되어 있으므로 신체를 포함하여 여러분이 물질이라 생각하는 모든 존재가 파동처럼 행동한다. 따라서 파장을 지닌 여러분의 몸을 적당한 이중 슬릿 장치로 쏘면 회절 현상이 일어날 것이다.

궁금하면 한번 계산해보자. 보통 체격인 인간을 대포 발사기에 장전하여 속력 30m/s로 쏘면 약 0.000000000000000000000000003 미터의 드브로이 파장을 나타낼 것이다. 만약 신체를 구성하는 모든 원자가 적당한 크기의 이중 슬릿을 향해 정렬될 수 있다면, 우리 몸은 실제로 회절할 것이다.

단일 입자보다 큰 물질로 회절을 일으킨 실험 중에서는 2013년 잔드라 아이벤베르거Sandra Eibenberger가 실험한 $C_{284}H_{190}F_{320}S_{12}N_4$ 분자가 가장 큰 것으로 기록되어 있다. 원자 810개로 구성된 이 물질이 이중 슬릿을 동시에 통과하면서 자기 자신과 중첩을 일으킨 것이다.[2] 사람 한 명을 쏘기는 아직 무리이지만, 어쨌든 우리도 실험을 시작해야 한다.

하이젠베르크를 만나자

배우 브라이언 크랜스턴Bryan Cranston이 뉴멕시코에서 온갖 불법행위를 저지르는 화학 교사 하이젠베르크를 연기하기 전까지(미국 드라마 〈브레이킹 배드Breaking Bad〉를 언급한 것 - 옮긴이), 베르너 하이젠베르크Werner Heisenberg는 세계에서 가장 탁월한 수학자로 유명했다. 그는 실험 결과에 초점을 맞추는 플랑크, 아인슈타인, 드브로이와 달랐다. 하이젠베르크는 잘 정립된 이론을 가져다가, 연구원이라면 대체 거기에 어떤 의미가 있는 건지 우려하게 되는 한계점까지, 아무런 고민 없이 그 이론을 비틀어보는 것에 관심이 많았다.

하이젠베르크는 현실 세계의 물리에는 무지하기로 악명 높았는데, 박사학위 중 구두시험에서 간단한 배터리가 어떻게 작동하는지 질문받았으나 전혀 대답하지 못했다고 한다[3](하이젠베르크조차도 면접관들 앞에서 굴욕을 당했다고 하니, 나로서는 마음에 위안이 된다).

이처럼 물리학에는 재능이 없었지만 수학만큼은 누구보다도 뛰어났던 하이젠베르크는 1920년에 아르놀트 조머펠트Arnold Sommerfeld

에게 고용되었다. 조머펠트는 보어가 원자 이론을 고안하는 데 도움을 준 물리학자 중 한 명이었다.

조머펠트는 하이젠베르크에게 빛의 분해능에 관한 난제를 수학으로 계산하라는 과제를 주었는데, 하이젠베르크가 2주 만에 그 난제를 해결했다. 그런데 하이젠베르크가 가져온 답이 너무나도 복잡한 나머지 조머펠트는 그렇게 빨리 답을 얻기는 애초에 불가능했을 것이라 판단하고 그 답을 받아들이지 않았다. 이 일이 있고 몇 달 후, 하이젠베르크보다 이름이 알려져 있었던 물리학자 알프레트 란데Alfred Landé가 그와 정확히 같은 답을 발표해 명성을 얻었다.[4]

이러한 일을 겪고 나서 하이젠베르크는 양자 연구의 세계적인 요새로 빠르게 성장한 덴마크의 코펜하겐 연구소로 자리를 옮겨 닐스 보어와 함께 일하기 시작했다. 아마도 하이젠베르크는 조머펠트가 자신의 능력을 인정해주지 않아 실망했거나, 그게 아니라면 단순히 노벨상 수상자들과 함께 일하기를 꿈꾸었을 것이다(조머펠트는 노벨상 후보로 84회 지명되었지만 결국 수상하지 못했다). 이유가 어찌 되었든, 자리를 옮긴 후 하이젠베르크는 보어의 수제자이자 가장 가까운 친구가 되었다.

그해 하이젠베르크는 유럽에서 가장 명석한 과학자들에 둘러싸여, 오늘날에도 양자물리학에서 여전히 사용하는 다양한 접근법과 방정식을 고안해내며 인생의 황금기를 맞이했다. 하이젠베르크와 보어는 함께 등산하거나 여자를 만나러 마을로 나가기도 했지만, 대부분은 입자의 특이한 거동에 관해 토론하면서 시간을 보냈다. 하이젠베르크가 진심으로 행복을 느끼고 주위로부터 존경받았던 시기였다.

안타깝게도 하이젠베르크 인생의 후반기에는 다양한 논란이 불거졌다. 나치즘이 유럽 전역에 퍼지자 많은 과학자가 공습을 피해 미국으로 이주했다. 하지만 하이젠베르크는 유럽에 남아 나치에 고용되어 원자 폭탄 제조를 도왔다.

일부 역사학자는 하이젠베르크가 내부에서 원폭 제조를 방해했다고도 주장한다. 전쟁 후에 진행된 인터뷰에서 하이젠베르크가 원자 폭탄을 어떻게 제조하는지 정확하게 알고 있었다고 밝혔기 때문이다. 결론적으로 나치는 원폭 제조에 실패했다. 어쩌면 하이젠베르크는 원폭 제조에 관한 모든 것을 알았지만, 나치의 노력을 물거품으로 만들기 위해 입을 다물고 있었는지도 모른다.[5]

그러나 하이젠베르크와 보어가 주고받은 편지들이 2002년에 공개되면서, 두 사람에게 어두운 그림자가 드리워졌다. 편지 내용상 하이젠베르크는 순탄하게 원폭 제조를 연구하고 있었으나 그와 함께 일할 유능한 팀원들이 없고(훌륭한 과학자들은 미국에 있었다), 하이젠베르크 자신은 연구실 사정에 밝지 않아 프로젝트에 실패한 것으로 보인다.[6] 짐작건대 실험실의 모든 장비가 배터리로 작동했을 것이다.

이 시기의 하이젠베르크가 윤리적 측면에서 어떠한 입장이었는지는 아무도 모른다. 그는 유대인 물리학자 알베르트 아인슈타인의 연구 업적을 알리다가 곤경에 처했지만, 어머니 덕분에 심각한 상황에 빠지지 않을 수 있었다. 알다시피 하이젠베르크의 어머니는 나치 친위대장 하인리히 힘러Heinrich Himmler의 어머니인 힘러 여사와 가까운 사이였는데, 하이젠베르크가 곤경에 처하자 친구 힘러 여사에게 전화를 걸어 "내 아들 좀 내버려 두라고 네 아들에게 전해!"라는 의견을 효과적으로 전달했다.[7]

하이젠베르크의 정치 성향에 대해 논하자면 나는 그가 자신이 하는 일의 윤리적 의미에 대해 그리 깊이 고민하지 않았으며, 주변 사람들이 내주는 물리학 과제들을 단순히 해결하는 데만 신경 썼으리라 짐작한다.

과거에 있었던 일을 토대로 하이젠베르크를 선인인지 악인인지 규정하기에는 근거로 삼을만한 것이 별로 없으므로 판단하기가 어렵다. 게다가 연합군 측에 선 사람들이 전부 성인군자는 아니었음을 잊지 말아야 한다. 미국에서 하이젠베르크와 비슷한 연구를 진행한 과학자 로버트 오펜하이머Robert Oppenheimer는 사과에 독성 화학물질을 묻힌 뒤 박사과정 지도 교수에게 먹이려고 했었다는 동화 같은 이야기가 전해진다. 우리는 오펜하이머의 행동을 살인미수라

부른다.[8]

그의 인생 후반기에 관한 정치적 편견을 덮어둔다면, 하이젠베르크가 양자물리학에 세운 공로는 오늘날까지도 매우 귀중하다.

방해꾼이 없는 곳에서

어느 여름날 심한 꽃가루 알레르기로 고생하던 하이젠베르크는 꽃가루를 뿌려대는 식물이 없는 헬골란트섬에서 휴가를 보냈다. 쉬는 동안 그는 양자론에 대한 새로운 수학적 접근법을 생각해냈는데, 이것이 오늘날 그를 유명한 과학자로 만들어준 불확정성 원리uncertainty principle의 기원이다.[9]

입자는 위치, 속도, 질량처럼 측정 가능한 특성들로 명확하게 정의된다. 만약 입자의 초기 상태에 관한 정보를 전부 알 수 있다면, 그 후 입자에 어떠한 일이 일어날 것인지 이론적으로 예측할 수 있다. 다음, 그다음 일도 마찬가지다.

이 결정론적 철학은 아이작 뉴턴에서 시작되어 물리학의 중요성을 부각했다. 과거의 신비주의자들은 미래를 예측하기 위해 미혼 여성들을 학살하거나 비둘기 피를 마셔야 한다고 주장했지만, 뉴턴은 몇 가지 방정식을 이용해 정확도 100퍼센트로 미래를 예측할 수 있음을 보여주었다.

그런데 드브로이와 동료 과학자들이 모든 입자는 파동의 특성도 가진다는 것을 발견했다. 뉴턴의 물리학에서 입자가 '어디에' 있는지, 그리고 '얼마나 빠르게' 움직이는지를 묻는 것은 별개의 질문이다. 하지만 정의상 파동은 끊임없이 움직일 뿐 아니라 주변으로 널리 퍼지기 때문에 속도와 위치는 더 이상 서로 독립적인 개념이 아니다.

파동의 위치를 안다면 거기에는 파동의 속도 정보도 포함되어 있으며, 그 반대 경우도 마찬가지다. 즉, 두 특성은 서로 연결되어 있다. 하이젠베르크는 입자에도 비슷한 아이디어를 적용했다. 입자의 운동과 위치는 부분적으로만 입자적 특성을 지녔기 때문에 서로 분리해서 취급할 수 없었다.

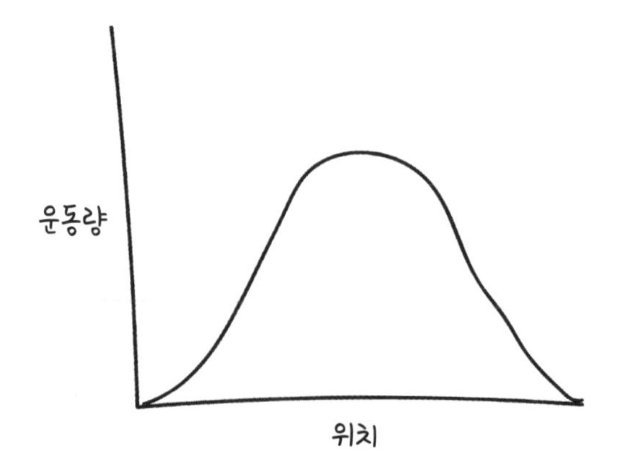

주어진 입자에 아직 어떠한 측정도 하지 않았다면, 우리는 이러한 그래프로 그 입자가 어떠한 운동량과 위치 특성을 지니는지 명시할 수 있다.

우리가 아는 것은 입자의 물리적 특성이 봉우리 안 어딘가에 존재한다는 것뿐이다. 고전물리학 관점에서 입자를 측정하는 경우, 우리는 봉우리 안쪽에 그 입자를 한 점으로 콕 찍고 x축과 y축 값을 확인하여 입자의 위치와 운동량을 정확히 알 수 있다.

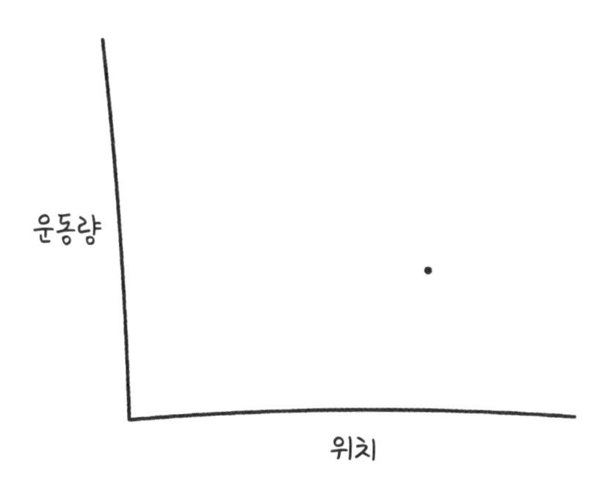

위 그림에서 우리는 입자의 위치를 규정하기 위해 x축을 읽고, 다음으로 y축을 읽어서 입자의 운동량을 확인한다. 무척 간단하다.

그런데 하이젠베르크는 파동은 이와 다르다고 생각했다. 파동을 정확히 기술하려고 접근하다 보면 다음과 같은 문제에 부딪힌다.

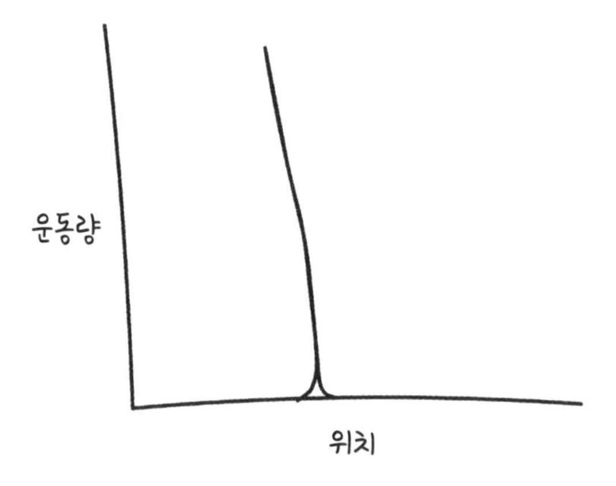

우리는 x축에서 입자 위치를 단일 값으로 좁혔기에 정확한 위치를 파악할 수 있었다. 하지만 y축에서는 다양한 운동량 값들이 동시에 정의된다. 일상의 고전물리학에서처럼 파동의 위치와 운동량은 서로 분리되지 않기 때문에, 입자 위치를 알면 운동량도 알 수 있다고 확신할 수 없는 것이다.

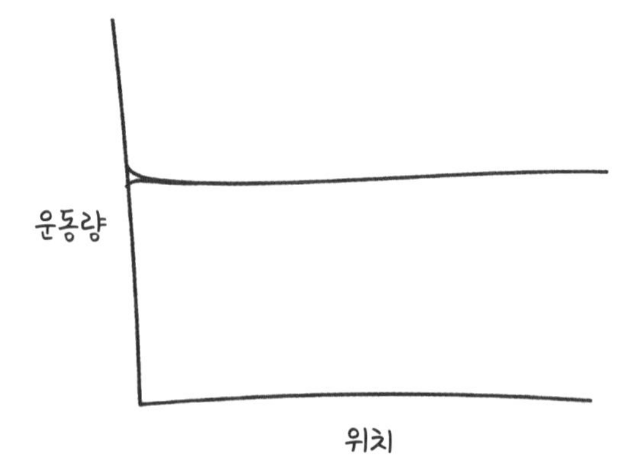

또는 이처럼 y축에서 값을 좁히면 운동량은 명확한 값으로 얻을 수 있지만, 입자가 여러 위치에 동시에 존재하게 된다.

운동량과 위치는 양자론에서 서로 연결되는 특성이므로 입자가 어디에 있는지 혹은 입자 운동량이 얼마나 되는지, 둘 중 하나는 알 수 있지만 둘을 동시에 알지는 못한다.

진정 확신하는가?

위치와 운동량은 최초로 밝혀진 '불확정성 관계'이자 가장 많이 인용된 사례이다. 한 입자의 위치와 운동량은 동시에 알 수 없으며, 두 특성 중 하나를 알면 다른 특성에 대한 정보는 잃어버린다. 양자론이 진화하면서 우리는 서로 연결되어 있는 특성 한 쌍을 또 발견했지만(이것은 나중에 소개할 것이다), 물리학의 토대를 뒤흔든 것은 역시 하이젠베르크가 제시한 위치·운동량 관계였다.

단도직입적으로 말하자면, 양자론은 우리가 측정할 수 없는 특성이 언제나 존재하기 때문에 측정 대상에 대한 모든 정보를 알기란 불가능하다고 주장한다. 특성 하나를 알게 되면, 다른 특성에 대한 정보는 자연히 잃어버린다.

알고 있는 현재를 통해 미래를 예측한다는 뉴턴의 우주관은 결국 꽃가루 알레르기를 앓는 수학 괴짜에 의해 난도질당한다. 현재에 관한 모든 것을 알기란 불가능하므로, 미래를 정확하게 예측하는 일 또한 가능하지 않다. 영원히.

하이젠베르크의 불확정성 원리가 입자의 모든 성질을 알기에는 부족한 측정 장비 탓에 발생한다고 잘못 설명하는 경우도 있는데, 이는 불확정성 원리를 너무 가볍게 표현한 것이다. 우리가 검출기를 얼마나 잘 만드는지, 그리고 그 검출기로 얼마나 정확하게 측정하는지는 중요치 않다. 한 입자의 성질은 완전히 고정될 수 없다. 입자가 단 하나의 입자로 정의되지 않기 때문이다. 입자는 파동이기도 하다.

전자에게 '너의 입자적 특성은 무엇이지?'라고 묻는 것은 '《전쟁과 평화》를 한 글자로 요약하면 무엇일까?' 또는 '무지개를 한 가지 색으로 표현하면 무슨 색일까?'라고 묻는 것과 같다. 즉, 좁힐 수 없는 대상을 좁히려는 행위이다.

하이젠베르크가 말했다. "원칙의 문제로서, 우리는 현재에 관한 모든 것을 속속들이 알 수 없다."[10] 양자론은 미래를 정확하게 예측하려는 뉴턴의 꿈을 포기하게 만든다.

일상에서는 물체가 어디에 있고 얼마나 빠르게 움직이고 있는지 알기 쉽다. 이것은 사실 모든 스포츠의 기본이다. 양자 세계에서 축구를 한다면, 짐작 가능한 운동량을 가해 공을 찬다고 해도 그 공이 어디로 갔는지 확신할 수 없으므로 경기를 더는 진행할 수 없을 것이다(그래도 재미는 있겠다). 공중으로 날아간 공은 뿌연 구름처럼 보일 것이며, 그 구름이 얼마나 빨리 움직이는지는 볼 수 있지만 그 공을 잡으려면 어디에 서 있어야 하는지는 정확히 판단할 수 없을 것이다. 우리가 일상에서 불확정성 원리를 인지하지 못하는 유일한 이유는 '불확정성 구름'에 비해 우리 몸이 너무 거대하기 때문이다. 평범한 일상에서는 문제가 되지 않지만, 하나의 입자를 측정하기 시작하면 우리는 무지의 벽에 부딪힌다.

불확정성 원리는 입자가 절대 멈출 수 없다는 의미도 포함한다. 전자가 핵 주위에서 움직이지 않는다면, 정확한 위치와 하나의 운동량(0)으로 정의될 것이다. 전자가 입자로서만 행동한다면 파동으로서의 특성을 잃을 것이다. 하지만 이러한 일은 실제로 일어나지 않으며 입자는 영원히 움직여야만 한다.

다음은 하이젠베르크가 남긴 글이다.

> 새벽 3시가 지나자 계산한 최종 결괏값이 눈앞에 나타났다. 처음에는 몹시 놀랐다. 원자 현상의 표면을 통해 이상야릇하지만 아름다운 그 현상의 내부를 바라보고 있다는 느낌이었고, 이제는 내 앞에 거침없이 펼쳐진 자연의 수학적 구조를 탐구해야 한다는 생각에 어지러울 지경이었다. 너무나도 흥분한 나머지 잠

을 이룰 수 없었다. 새로운 날이 밝자 나는 남쪽 끝 섬으로 향했다. 그 섬에는 바다 쪽으로 돌출된 바위가 있는데 그 위에 올라가 보려고 벼르고 있었기 때문이다. 무사히 섬에 도착한 뒤 나는 해가 뜨기를 기다렸다.[11]

4장

괴짜 길들이기

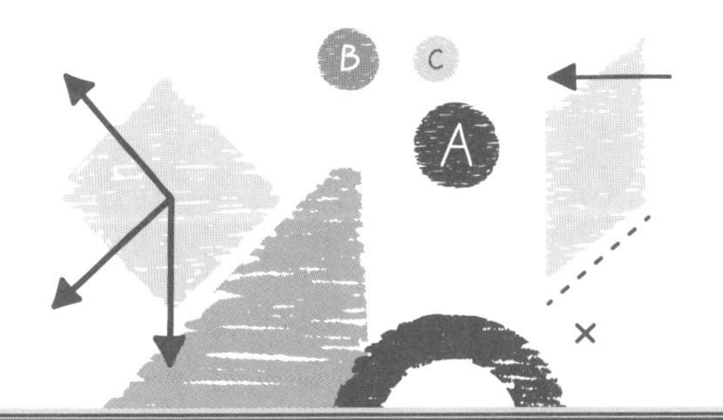

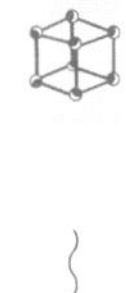

오, 슈뢰딩거 박사님!

전자껍질과 양자 도약이 등장하는 보어의 원자 이론은 여전히 많은 사람이 받아들이지 못했다. 전자껍질에 특정 에너지 준위만 허용되는 이유와, 이론을 통해 예측한 값이 실험값과 언제나 일치하지 않는 이유가 설명되지 않았기 때문이다.

보어는 인형을 가지고 놀면서 강제로 인형끼리 입 맞추게 하는 어린아이처럼, 서로 다른 이론에서 원자를 가져다가 으깨고 억지로 섞었는데, 이 방법이 완벽한 해결책이 될 수 없다는 것을 그도 알고 있었다. 더욱 깔끔하고 우아하지만 아무도 생각해내지 못한 이론이 필요했다. 이 상황을 타개한 사람이 에르빈 슈뢰딩거Erwin Schrödinger로, 그는 주창한 이론보다 사생활로 더욱 화제가 된 인물이었다.

슈뢰딩거는 괴짜인 데다 자유로운 영혼을 지닌 천재로서 50년 동안 과학, 예술, 철학을 포함한 다양한 주제에 관해 많은 글을 남겼다. 예의범절을 중요시하는 사회 안에서 이단아로 살아간 그는 아내와 애인 힐데Hilde, 애니Anny 등 세 사람과 동시에 관계를 맺고 살았을 뿐만 아니라 적어도 두 명의 다른 여성과 자녀를 낳아 양육한 것으로 추문을 일으켰다(대중이 가진 근거 없는 믿음과 달리, 과학계 괴짜들은 상당히 활발하게 사생활을 즐기며 그러한 시간을 함께 보낼 동반자를 찾는 데 큰 어려움을 겪지 않는다).[1]

슈뢰딩거가 참으로 흥미로운 인간이긴 하지만, 문란한 사생활로 노벨상을 받은 것은 아니었다. 노벨상 수상은 그의 이론이 아주 훌륭한 방식으로 원자를 설명한 덕분이었다.

크리스마스 너무 싫어!

슈뢰딩거는 크리스마스를 싫어했다. 종교적 색채를 띠는 행사에 반대하는 것으로 악명 높았던 그는 1925년 12월 스위스 외딴 별장에 머물며 크리스마스 축제와 멀어지기로 마음먹었다. 아내는 집에 두고, 그간 잊고 지냈던 빈 출신의 옛 여자 친구와 함께 별장에서 칩거했다.[2] 이 기간에는 그가 일기를 쓰지 않아서 어떤 일이 있었는지 정확히 알려지지 않았지만, 여행 가방에 물리학 문제들을 담아와 연휴 내내 일했으리라 생각한다.

슈뢰딩거는 처음엔 양자론에 관심이 거의 없었다. 재능 있는 물리학자였지만, 그의 전문 분야는 입자가 아닌 파동의 거동이었다. 솔직히 그에게 전자, 광자, 양성자는 지루한 주제였다. 물론 그가 이렇게 생각한 시점은 많은 사람이 입자를 어느 정도 파동으로 간주해야 한다고 깨닫기 전이었다.

전자 거동을 입자 관점에서 예측하는 방정식은 수십 가지 존재하지만, 파동 관점에서 기술하는 방식은 아직 고안되지 않았다는 것을 슈뢰딩거는 알고 있었다. 나중에 그는 이 시기에 대하여 글로 남겼다. "내 극단적인 생각이 어쩌면 틀렸을지 모른다. …… 하지만 한편으로는, 파동을 등한시하는 관점이 큰 어려움에 부딪히면서 그와 반대되는 관점의 중요성이 부각되었다고 본다."[3]

모든 사람이 원자를 기술하기 위해 입자물리학을 사용하는 상황에서 슈뢰딩거가 같은 목적으로 파동방정식을 생각해낸다면, 어쩌면 그 방정식이 새로운 통찰력을 줄지도 모른다. 그는 어색하지만 근본적으로 달라지려 노력하고 있었다. 여성들과의 성공적인 만남과 벽난로 선반에 무심히 놓인 노벨상으로 미루어볼 때, 그에게는 큰일을 해낼 가능성이 충분했다.

슈뢰딩거는 스스로도 인정하기를 새로운 법칙을 만들 만큼 수학을 잘하지 못했다. 하지만,[4] 그 의문의 겨울 휴가 동안 그는 놀라운 일을 해냈다. 모든 사람이 찾고 있었던 것, 즉 핵 주위를 도는 전자의 에너지를 정확하게 예측하는 방정식을 들고 새해에 나타난 것이다.

슈뢰딩거는 파동-입자 이중성이 어떻게 작용하는지에 대한 문제는 제쳐두고, 일단 파동성에만 초점을 맞추었다. 그리고 토스트 위에 펴 바른 버터처럼 원자 표면 전체에 전자들이 펼쳐져 있으며, 핵 주위를 감싼 그 전자 막electron membrane이 특정 진동수로 진동한다는 아이디어를 냈다.

질량이나 핵의 인력 같은 몇 가지 입력값이 주어지면, 슈뢰딩거 방정식은 '파동함수wavefunction'를 통해 원자 내 전자가 3차원으로 진동하는 형태를 정확히 예측한다.

파동함수란 시간 또는 공간의 특정 지점에서 전자가 갖는 특성들의 목록을 생성하기 위해 푸는 방정식이다. 여기서 말하는 전자의 특성에는 파동의 파장과 폭, 그리고 파장이 전달되는 속력 등이 있다.

슈뢰딩거 방정식은 이 파동함수(방정식에 포함된 방정식)를 계산해 전자의 특성과 거동이 시간에 따라 어떻게 변화하는지 예측한다. 그뿐만 아니라 왜 물리량의 특정 값만 허용되는지도 설명한다.

입자가 필요 없는 곳으로 가다

원자 내 모든 전자는 핵에 붙들려 있기 때문에 거동에 제한이 있다. 예를 들어서 파동은 아래의 그림에서 볼 수 있듯이 정수배로만 존재한다. 왼쪽 그림은 파동 한 개, 오른쪽 그림은 파동 두 개를 나타낸다.

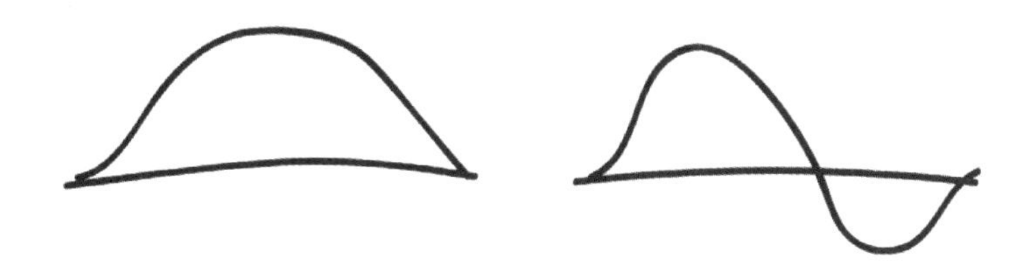

파동의 4분의 3개는 정수배가 아니므로 허용되지 않는다. 파동은 특정 형태로만 허용된다.

이처럼 허용된 형태의 파동을 '배음harmonics'이라 부르는데, 문득 음악 용어처럼 들리는 것이 우연은 아니다. 위 그림의 파동 형태는 현악기로 연주할 수 있는 음에 해당하며, 각각의 파형은 공기 중에서 제각기 다른 음을 낸다.

기타나 벤조의 현을 튕기면 특정 에너지로 진동한다. 다른 음은 서로 다른 배음(허용된 파동)이며, 슈뢰딩거 방정식은 핵에 구속된 전자가 음악과 같다는 것을 보여준다.

물론 원자는 직선이 아니기 때문에 보다 고차원적으로 생각해야 하지만, 만약 3차원으로 진동하는 배음을 계산할 수 있다면 여러분은 전자의 파동이 취하는 파형을 구할 수 있을 것이다. 이를 실제로 어떻게 계산할지는 상상하기 다소 어렵지만(슈뢰딩거의 능력도 넘어선 일이었다), 다행히도 다른 수학자들이 곧바로 답을 계산해냈다.

첫 번째 전자의 배음은 구球형이다(아래 왼쪽 그림). 두 번째 배음은 두 개의 찌그러진 풍선이 서로 맞붙은 형태 같다. 풍선 한 개는 앞쪽에, 다른 하나는 뒤쪽에 있다(아래 오른쪽 그림).

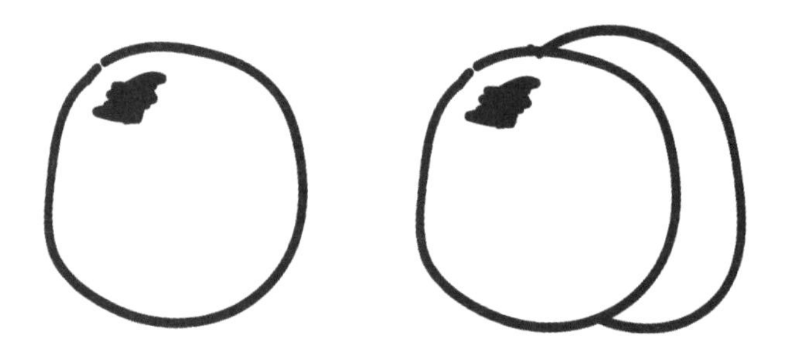

위와 같은 구와 아령 형태는 전자의 파동을 어디서 찾을 수 있는지 가르쳐준다. 전자를 생각할 때는 핵 주위를 도는 작은 입자가 아닌, 핵을 중심에 두고 진동하는 납작한 표면을 떠올려야 한다. 에너지가 올라갈수록 그 표면은 더욱 복잡한 형태가 된다(여기에 내가 직접 그 형태들을 그리기는 너무 성가시다. 그림 실력도 부족하고. 관심이 있다면 구글에서 s, p, d, f 오비탈을 검색해보도록).

이제는 전자가 진동하는 핵 주변 영역을 궤도로 생각하지 않으며, 이름도 '오비탈orbital'이라 바꾸어 부른다. 그보다 슈뢰딩글스Schrödingles가 더 멋있게 들리긴 하지만.

오비탈은 에너지 양자화가 발생한 원인을 가르쳐준다. 핵 주위에는 전자의 특정 배음만 허용되는 까닭에, 각 원자에는 특정 에너지값만 허용된다. 보어의 전자껍질 이론에서 에너지 준위는 맥락없이 치고 들어온 개념이었다. 하지만 그보다 발전한 슈뢰딩거의 파동함수 이론을 이용하면 에너지 준위는 예측 가능해진다.

한발 더 나아가, 슈뢰딩거 방정식은 전자 오비탈들이 특정 각도로만 결합한다는 것을 예측했으며 이는 화학에서도 확인되었다.

슈뢰딩거 방정식은 설명하기 힘든 양자 도약 개념도 없애버린다. 전자가 안쪽에서 바깥쪽 오비탈로 이동할 때 일어나는 일은, 손으로 줄넘기 줄을 빠르게 흔들면 출렁이는 줄의 파장이 변화하는 과정과 같다. 그 모습이 이상해 보이긴 하지만, 순간적 변화가 아닌 부드러운 전환이다. 전자가 한 오비탈에서 다른 오비탈로 이동할 때 방출되거나 흡수되는 광자는 전자의 파동이 새로운 파형으로 진동한 결과이다.

문제점 하나

슈뢰딩거 방정식은 파동함수를 계산하고 그 함수가 어떻게 변화할지 예측했다. 파동함수는 그 자체로 우리가 궁금해하는 전자에 관한 모든 것을 완벽하게 설명해주었으며, 의심의 여지 없이 수학적 아름다움의 승리였다. 파동함수가 무엇을 의미하는지만 묻지 않는다면.

여러분은 함수에 적당한 숫자를 꽂고 손잡이를 돌리기만 하면 된다. 그러면 종이에 적힌 기호들이 신뢰도 높은 데이터를 뱉어내면서, 주어진 상황에서는 전자에 어떠한 일이 생기는지 가르쳐줄 것이다. 그런데 전자 파동이란…… 정확히…… 뭘까?

더욱 걱정스러운 점은, 슈뢰딩거 방정식은 '허수imaginary number'를 계산에 넣지 않으면 정답을 주지 않았다. 이 책에서 나는 수학 없이 양자물리학에 접근하려 하고 있지만, 허수는 이 이야기에서 중요하기 때문에 피해 가기 쉽지 않다. 그러니 안전띠를 꽉 매도록! 환상적인 수학 세계로 간다!

상상력을 동원하라

이렇게 생각해보자. -2에 2를 곱하면 -4가 된다. 수식으로 표현하면, -2×2=-4다.

그런데 -2에 -2를 곱하면 답이 반대로 나온다. 음수에 음수를 곱하면 답은 양수이다. 마이너스에 마이너스를 곱하면, 마이너스가 뒤집히는 셈이다. 수식으로 쓰면 -2×-2=4, 두 개의 음수를 곱하면 양수가 나온다.

4의 제곱근이 2라는 것은 누구나 알지만, 그것만이 정답은 아니다. 4의 제곱근은 2와 -2로, 둘 다 제곱하면 4가 된다.

-2를 제곱한 답은 -4가 아니며, 그러므로 -4의 제곱근은 -2가 아니다. 그렇다면 음수의 제곱근은 어디에 있는가? 제곱하면 음수가 되는 숫자는 어디에도 없는 것 같다.

이러한 모순을 해결하기 위해, 알렉산드리아에서 활동했던 그리스 수학자 헤론Heron은 우리가 머릿속으로 상상하는 데 익숙한 수 체계와 직각을 이루는 새로운 유형의 수 체계를 발명했다. 그것은 음수의 제곱근으로 정의되는 수인데, 르네 데카르트는 상당히 비현실적으로 보인다는 이유로 그 수에 '허수'라는 이름을 붙였다.[5]

우리는 -1의 제곱근으로 정의된 수를 기호 i로 표기한다. $2i$는 -4의 제곱근, $3i$는 -9의 제곱근, $4i$는 -16의 제곱근이다.

허수가 몇몇 사람에겐 속임수로 보이겠지만, 수학자들은 과학자에 의해 쓸모를 갖기 전까지는 말도 안 되는 것처럼 보이는 개념을 이따금 발명하곤 한다. 여하튼, 음수 개념이 이상하게 느껴졌던 시절이 있었다. 5i도 마저 계산할 수 있겠지?

음수는 여러분이 손가락으로 꼽을 수 없다는 점에서 '실수real number'가 아니지만, 무척 유용한 개념인 것은 틀림없다. 전자와 양성자의 전하가 만나 0이 된다는 개념을 설명하기에 양수와 음수는 적합한 수 체계다.

전자의 파동함수는 수식에 허수가 부분적으로 포함된 경우에만 유효하다. 슈뢰딩거 방정식이 제대로 작동한다면(실제로 잘 작동한다), 전자는 단지 핵 주위의 3차원 공간뿐만 아니라 가상의 차원에서도 진동하는 것이다. 대체 자연은 뭘 하는 거야?

보른이 문제를 해결하다

전자의 파동함수가 정확히 무엇을 나타내는지 그 의미를 해석하려 시도한 최초의 인물은 독일 물리학자 막스 보른Max Born이었다. 보른은 하이젠베르크의 불확정성 원리에서 직접적으로 도출된 결론인 양자역학의 무작위성에 매료되었다.

입자를 측정하면(하이젠베르크의 불확정성 원리 내에서) 위치, 운동량 등 입자의 특성을 알게 된다. 그런데 그 특성들은 신기하게도 측정 전부터 불분명하고, 측정을 반복할 때마다 매번 다른 결괏값으로 나온다.

고전적인(일반적인) 실험은 반복할 때마다 같은 결과가 도출된다. 경사로에 공을 굴리면 여러분은 그 공이 어디에 도착할지 쉽게 예측할 수 있다. 아이작 뉴턴 같은 사람들에게 진정한 무작위성이나 우연은 없다. 예측 가능한 물리 법칙만 존재할 뿐.

동전 던지기조차도 고전물리학자에게는 무작위적이지 않다. 엄지손가락으로 동전에 가하는 충격, 공기 중으로 날아가면서 동전이 그리는 포물선의 각도, 땅과의 상호 작용 등 조건을 토대로 동전이 어떤 면으로 떨어질지 예측한다.

여러분에게 충분히 성능 좋은 컴퓨터가 있고 필요한 데이터가 전부 제공된다면, 동전 던지기 결과를 정확하게 예측할 수 있다. 우리가 동전 던지기를 무작위적이라 생각하는 단 하나의 이유는 즉석에서 그런 복잡한 계산을 할 수 없기 때문이다. 그런데 양자물리학은 다르다. 양자물리학은 정말로 무작위적인 결과를 낸다.

아인슈타인이 말했다고 잘못 알려진 "미친 짓이란, 똑같은 일을 반복하면서 다른 결과를 기대하는 것을 말한다"라는 격언을 들어본 적 있을 것이다(실제 이 문장은 '마약류 의존자 회복을 위한 모임

Narcotics Anonymous'이 1981년도에 발행한 팸플릿에 등장한다).[6] 말은 된다. 다른 결과를 얻기 바라면서 똑같은 행동을 반복하려면 얼마나 미쳐야 하는 것일까? 양자물리학자만큼은 미쳐야 한다.

이중 슬릿 실험을 떠올려보자. 전자나 양자, 혹은 무엇이 되었든 간에 이중 슬릿을 향해 발사하면 검출기 스크린에 얼룩말 무늬가 나타난다. 그런데 어떤 입자가 스크린에 도달하여 어느 줄무늬를 형성할지는 예측할 수 없다. 여러분이 할 수 있는 것은 확률을 기반으로 한 추측뿐이다.

입자가 가운데 줄무늬를 형성할 확률은 40퍼센트, 그 양옆 줄무늬들을 형성할 확률은 20퍼센트, 그다음 양옆 줄무늬들을 형성할 확률은 10퍼센트이다(잠시 이 숫자들을 기억하자).

여러분이 전자를 경사면 아래로 굴리는 행동을 반복한다면, 전자의 도착지는 매번 바뀔 수 있다. 하이젠베르크의 불확정성 원리는 '미래는 예측 가능하다'라는 생각을 버리고, 우아하지만 정신이 오락가락하는 양자 여신의 변덕에 기반한 확률로 사건이 일어난다는 개념을 받아들이라고 우리에게 강요한다. 입자 위치는 실제로 측정하기 전까지 정확하지 않다(불확실하다). 그리고 측정은 입자의 절대적인 위치가 아닌, 위치의 확률만을 예측할 수 있다.

그런데 보른은 슈뢰딩거 방정식을 풀어서 이중 슬릿을 통과하는 전자의 파동을 도출한 뒤, 그 파동의 '진폭amplitude'(파동의 높이를 가리킴)이 익숙한 숫자들에 대응하는 것을 발견했다.

검출기 스크린 정중앙에 그려진 마루(파장의 진폭이 가장 큰 지점)의 진폭은 6.32이다. 정중앙 마루의 양옆에 그려진 마루의 진폭은 4.47, 그 양옆 마루의 진폭은 3.16이다. 이 숫자들은 특별한 규칙을 따르지 않는 듯하지만, 알고 보면 그렇지 않다. 이들은 앞에서 기억해둔 확률 40, 20, 10퍼센트의 제곱근이다.

전자 파동에 관한 슈뢰딩거 방정식의 해를 구한 다음 제곱하면, 그 값은 실험에서 입자가 특정 위치에 존재할 확률과 일치한다.

즉, 슈뢰딩거 파동함수는 전자가 특정 위치에 존재할 확률에 제곱근을 씌운 값이다. 오 맞아, 세상에. 고마워 보른. 모든 것이 명확해졌어. 나는 대체 왜 혼란스러웠던 걸까?

그게 무슨 의미야?

슈뢰딩거 방정식에 관한 보른의 해석은 입자가 따라야 하는 우주의 법칙이 바로 확률(인류는 경마에서 어떤 말이 우승할지 표현하기 위해 이 단어를 발명했다)이라는 것을 암시한다.

입자는 분명 입자로서 존재하지만, 입자의 위치는 그 자체로 확률인 파동이 결정하며 끊임없이 변화한다. 이 같은 양자론 관점에서 우리는 모든 존재가 확실한 위치를 차지한다는 생각은 버리고, 위치는 확률 법칙에 근거해 무작위로 결정된다고 이야기해야 한다.

슈뢰딩거의 파동함수에서 마루에 해당하는 영역은 입자가 발견될 확률이 높은 곳이고, 골에 해당하는 영역은 입자가 발견될 확률이 낮은 곳이다. 전자, 양성자, 광자는 실제 파동이 아니라, 특정 위치에 존재할 확률이다.

입자가 특정 시점에 어느 위치에 있을지는 예측할 수 없지만, 슈뢰딩거 방정식을 사용하면(그리고 입자가 실재하는 축뿐만 아니라 가상의 축에도 자리 잡고 진동한다고 가정하면) 입자가 존재할 확률을 계산할 수 있다.

입자들은 같은 실험을 통해 반복적으로 관측될 수 있지만, 그들의 운명은 확정되지 않았으므로 매번 서로 다른 위치에서 발견된다. 모든 원인에는 다양한 영향력이 잠재되어 있으며, 양자 여신이 어떠한 원인을 발현할지 무작위로 선택한다. 예컨대 전자는 원자의 한쪽 면에 존재하다가도 그 면을 포함한 전체 공간이 진동한 끝에, 원자의 다른 면에서도 발견될 수 있다.

승리를 향한 터널

보른이 과감하게 제시한 파동함수 해석을 시험하는 방법이 있다. 입자를 벽에 던진 다음, 그 벽에 달라붙는지 확인하면 된다.

테니스공처럼 고전적인(일반적인) 물체가 장애물을 향해 돌진하는 장면을 상상하면 이후에 무슨 일이 생길지 분명하게 그려진다. 공이 벽에 충돌하여 잠시 붙어 있다가 튕겨 나올 것이다.

보른 해석은 양자 입자를 벽에 던지면 다른 결과가 나온다고 말한다. 입자 위치는 끊임없이 출렁이는 파동 확률로 묘사된다.

전자를 벽에 던지는 상상을 할 때 우리는 전자를 파동으로 간주해야 한다. 파동의 마루는 '여기에 입자가 존재할 가능성 높음'을 의미하고, 골은 '여기에 입자가 존재할 가능성 낮음'을 의미한다. 그리하여 파동이 벽 가까이 다가가면 마루 중 일부는 벽의 뒷면에도 있을 수 있다. 이렇게 말이다.

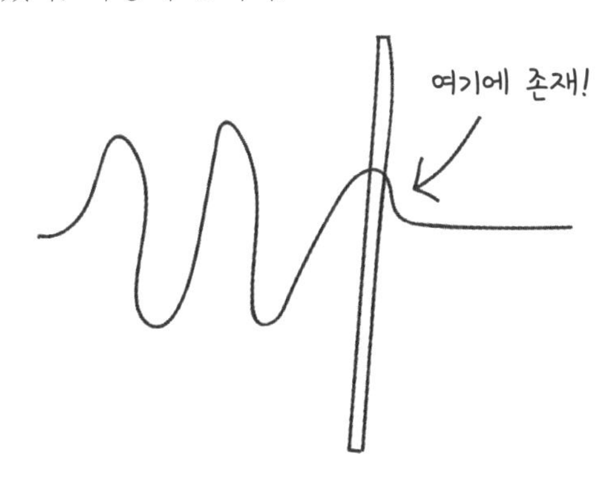

앞의 그림처럼 입자가 벽에 도달했을 때 대부분은 입자와 마주 보는 벽면에서 발견되지만(그림에서 파동의 마루는 대부분 왼쪽에 있다), 아주 낮은 비율로 반대쪽 벽면에서도 나타난다. 파동함수 값이 반대쪽 벽면에서는 상당히 낮긴 하지만(아주 작은 혹에 불과하다), 간혹 벽 너머에서도 전자는 나타난다.

터널 효과quantum tunnelling로 알려진 이 현상은 보른의 예상과 일치한 형태로 여러 차례 관찰되어 문헌에도 기록되었다. 전자공학 분야에 조지프슨 접합Josephson junction이라는 장치가 있는데, 두 개의 전도성 물질이 하나의 절연체 양면을 샌드위치처럼 포갠 형태다. 일반적으로 전자는 절연체를 만나면 흐름이 차단되지만, 터널 효과에 의해 장벽 너머로 수송될 수 있으며 절연체의 두께를 변화시켜서 전자 흐름을 조절할 수도 있다.

터널 효과는 발생하는 데 1,000억 분의 1초가 걸리며[7] 본질적으로 이중 슬릿 실험과 비슷하다. 입자에게 어떤 슬릿을 통과할지 선택권이 주어지듯이, 전자에게도 벽에서 튕겨 나가거나 터널 효과를 이용해 벽을 통과하는 선택권이 주어진다. 유일한 차이점은 이중 슬릿 실험에서 각 슬릿을 지나갈 확률은 각각 50퍼센트였지만, 터널 효과로 벽을 통과할 확률은 매우 낮아서 자주 일어나지 않는다는 것이다.

터널 효과는 방사능이 어떻게 방출되는지도 설명한다. 원자핵은 때때로 양성자와 중성자 쌍을 무작위로 뱉어낸다(이를 알파 방사선이라 부른다). 그런데 양성자와 중성자는 핵 안에서 다른 양성자와 중성자에 묶여 있으므로, 고전물리학 관점에서 이러한 현상은 일어날 수 없다.

하지만 이제 모든 입자는 파동함수로 위치를 표현할 수 있으며 일부 입자는 원자 밖에서도 발견될 것이다. 가끔 터널 효과에 의해 원자 외곽으로 마법처럼 흘러나가는 입자가 무작위로 발생하는데, 이 현상이 바로 방사능 방출이다.

용어를 선택하라

1926년 이전에는 양자 이론과 느슨하게 연결된 여러 실 가닥이 존재했을 뿐이다. 하지만 슈뢰딩거가 그 가닥들을 한데 모아서 엮었다. 그는 파동-입자 이중성이 전자껍질의 에너지 준위와 연결되어 있음을 보여주고, 그것으로 원자 오비탈의 형태와 관련된 모든 화학 현상을 설명했으며 확률을 이용하면 입자를 예측할 수 있다고 밝혔다.

몇몇 사람들은 초창기 양자물리학자인 플랑크, 아인슈타인, 드브로이, 보어가 연구한 내용을 '양자론quantum theory'으로, 슈뢰딩거, 보른, 하이젠베르크가 보다 정교하게 다듬은 이론을 '양자역학 quantum mechanics'으로 구별하기도 한다.

하지만 대부분은 그런 식으로 엄격하게 구별하지 않으며, 보통 1926년 전후의 물리학을 포괄적으로 언급할 때 양자역학이라는 용어를 쓴다. 그러나 원칙주의자들은 양자론은 플랑크, 양자역학은 슈뢰딩거로부터 시작되었다고 본다.

5장

상황이 한층 더 이상해진다

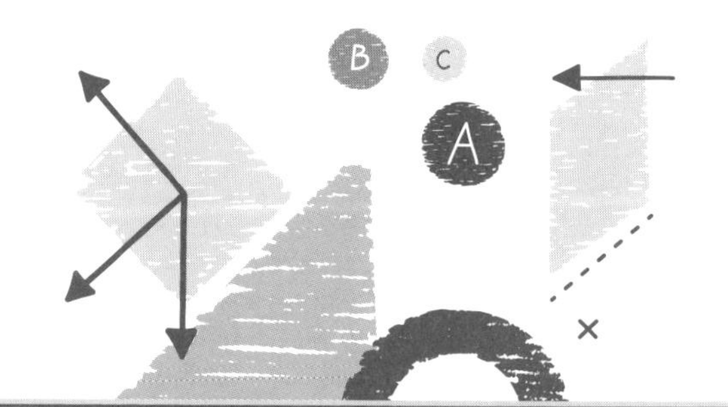

우리가 아는 모든 내용이 틀렸다

지금쯤이면 양자역학의 모든 이론이 틀렸다고 머지않아 판명된다는 것을 여러분도 눈치챘으리라 생각한다. 과학을 잘 모르는 사람들 눈에 이러한 상황은 과학자가 항상 불확정성 상태에 놓여 있는 듯 불안해 보이겠지만(하이젠베르크식 말장난 좋아하는 사람?) 사실 이 모든 상황은 정상이다.

과학자들은 아이디어에 신성불가침 영역은 없다고 생각하므로, 더는 그 아이디어가 통하지 않는 상황까지 극한으로 몰아붙이는 일에 능숙하다. 아이디어에는 확신보다 자신감을 갖는 편이 언제나 낫다. 그래야만 그 아이디어가 틀렸을지 모른다고 받아들이기 훨씬 쉽기 때문이다. 모든 면에서 탁월한 슈뢰딩거 방정식도 별반 다르지 않다.

슈뢰딩거는 방정식을 발표하면서 전자 전하를 대놓고 무시했는데, 전하가 일정하게 유지되어서 보정할 필요가 없기 때문이다. 이는 여러분이 전자에 자석을 가까이 대는 순간, 슈뢰딩거 방정식은 끝장난다는 것을 의미한다.

자기magnetism와 전하는 서로 강한 영향을 주고받는다. 움직이는 자석은 전자가 전선을 타고 흐르도록 유도하고, 원을 그리며 흐르는 전류는 주위에 자기장을 형성한다. 그러므로 전자를 기술하면서 자기적 효과를 무시하는 방정식은 불완전하다.

너는 나를 빙글빙글 돌게 해

전하와 자기의 연결 고리는 11장에서 살펴보겠지만, 일단은 전자가 한쪽 끝으로 북극, 다른 한쪽 끝으로 남극을 가리키는 작은 막

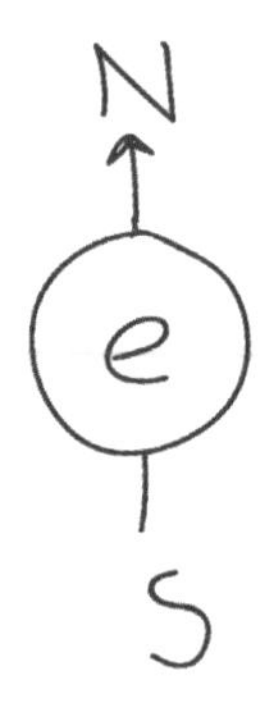

대자석처럼 주위에 자기장을 형성한다고 요약하겠다. 남극과 북극을 가리키는 짧은 작살이 전자 가운데에 푹 꽂혀 있다고 생각하면 간단하다.

고리 모양 전선에 전류가 빙글빙글 돌면 자기장이 생성되는 것과 비슷한 방식으로 개별 전자도 자기장을 생성할 수 있다. 자이로스코프처럼 끊임없이 회전하면 전자도 자기극magnetic pole을 만들 것이다.

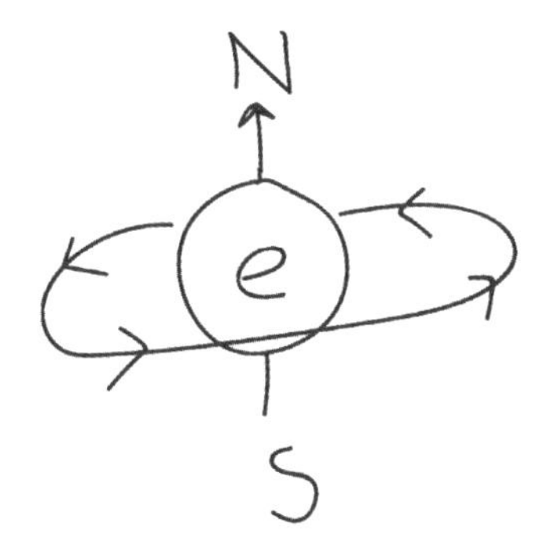

그런데 적당한 크기의 자기장을 생성하기 위해 전자의 반지름이 얼마나 커야 하는지를 계산하면, 원자 전체 크기보다 전자가 더 커야 한다는 답이 나온다. 따라서 전자가 축을 중심으로 회전한 결과로 자기장이 형성된다는 설명은 분명 잘못되었다.

전자의 자기는 전하 외에 전자가 가진 어떠한 신비로운 특성에서 기인하는 것이 틀림없지만, 그 사실이 인식됐을 무렵엔 이미 모든 사람이 전자가 빙글빙글 돈다고 상상하고 있었다. 따라서 처음

붙인 이름으로 계속 부르다 보면 오히려 이해에 도움이 되지 않을 그 신기한 특성을 우리는 '전자스핀electron spin'이라 불렀다. 전자스핀은 이름처럼 전자가 축을 따라 회전하고 있음을 의미하는 것이 아니라, 전자의 자기적 특성을 지칭할 때 사용하는 용어일 뿐이다.

전자의 '스핀' 특성이 무엇인지 알기 위해, 독일의 과학자 콤비 오토 슈테른Otto Stern과 발터 게를라흐Walther Gerlach는 자기장이 걸린 입구로 입자를 쏘아 스핀을 측정했다. 그 입구의 한쪽 끝에는 자기장이 조금 더 강하게 걸려 있어서 입자에 전체적으로 힘이 가해졌다(양쪽에서 가한 힘이 합쳐져 상쇄되는 상황이 아니다).

자성을 띤 입자들이 그 입구를 통해 자기장을 지나는 순간 '스피닝spinning'이 얼마나 일어나는지에 따라 입자 궤적은 비스듬히 굴절한다. 다시 말해 '스핀'은 말 그대로 빙글빙글 회전하는 입자를 의미하는 것이 아니며, 그 본질이 무엇인지는 모르지만 다양한 값으로 입자에 작용하여 어디로든 굴절시킬 것이다.

그런데 슈테른과 게를라흐는 입자가 두 방향으로만 굴절된다는 것을 알아냈다. 스핀(이게 무엇이든 간에)은 모두 크기가 같지만, 방향은 자기장과 같거나 반대였다. 에너지를 포함한 다양한 물리량 가운데 스핀을 양자화할 수 있는 특성은 없었다.[1]

그러고 보면 '스핀'이 아닌 '자성 전하'나 다른 이름을 붙이는 편이 이치에 맞았을지도 모른다. 하지만 모든 사람이 '스핀'이란 명칭

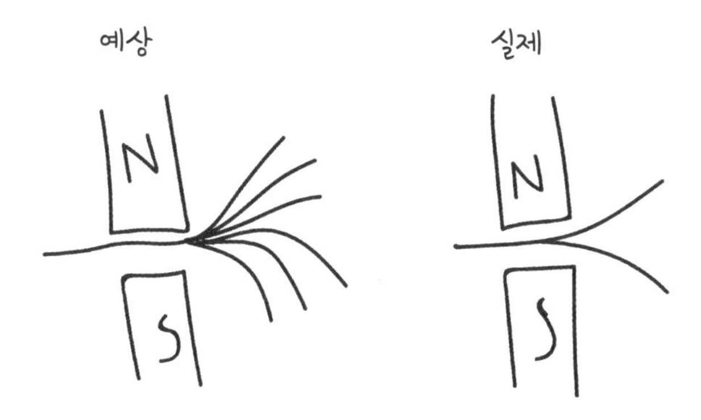

에 집착했으며, 슈테른과 게를라흐는 스핀의 두 종류를 '시계 방향과 반시계 방향' 대신, '업스핀up-spin과 다운스핀down-spin'으로 불러서 우리가 스핀을 이해하는 데 그나마 도움을 주었다(스핀과 자기에 관한 좀 더 자세한 설명은 부록 I 참조).

물리학자 볼프강 파울리Wolfgang Pauli는 슈뢰딩거 방정식에 스핀 개념이 녹아들 수 있도록 적절하게 수정하여 파울리 방정식으로 남겼다.

파울리는 하이젠베르크보다도 실험실에서 무능했던 것으로 알려져 있는데, 그가 실험실에 들어가면 실험 장비가 저절로 오작동을 일으키는 현상을 두고 동료들이 '파울리 효과'라 부를 정도였다. 그러나 하이젠베르크처럼 이론물리학에 탁월했던 그는 놀라운 변형을 가하여 파울리 방정식을 탄생시켰다.

슈뢰딩거 방정식은 측정하는 입자가 특정 위치에 존재할 확률을 가르쳐주고, 파울리 방정식은 입자의 스핀 확률을 알려준다. 앞으로는 '파동함수'라는 용어가 스핀, 에너지, 운동량, 위치, 좋아하는 영화 등 우리가 알고 싶은 입자의 모든 확률 특성을 포함하는 목록을 의미하도록 범위를 넓혀야 한다.

전자의 선택

앞에서 우리는 슈테른-게를라흐 실험으로 전자선을 스핀에 따라 두 방향으로 분할했는데, 그 비율은 50대 50이었다. 전자는 업스핀 또는 다운스핀 특성을 지닌다. 자, 이제 업스핀 전자선을 두 번째 실험 장치의 입구로 쏘는 장면을 상상해보자. 그냥 재미 삼아.

이 전자선에 속한 모든 업스핀 전자는 예상대로 하나의 선을 그리며 장치 입구를 통과한다. 우리가 쏜 전자선에는 업스핀 전자만 있으므로 자연스럽게 모두 위쪽 한 방향으로만 굴절한다. 그런데 여기서 두 번째 입구를 90도 돌린다고 가정해보자. 업스핀 전자선이 오른쪽과 왼쪽으로 갈라진다.

스핀은 우리가 관찰하고 있는 자기장 축을 따라 결정되므로, 자석을 수평으로 돌려 설치하면 전자선은 좌우로 갈라진다.

전자들은 먼저 업스핀·다운스핀으로 분류된 다음, 업스핀 전자들만 다시 오른쪽스핀·왼쪽스핀으로 나뉘었다.

지금부터 업-왼쪽 전자선을 세 번째 입구로 통과시키자. 이번 입구는 첫 번째 입구처럼 자기장이 수직으로 세워져 있다. 우리가 업-왼쪽 전자선을 수직 입구에 통과시켰기 때문에 장치 반대편에서는 업스핀 전자로만 구성된 단일 전자선이 관찰되어야 한다. 하지만 결과는 그렇지 않다. 통과한 전자 중에서 50퍼센트가 다운스핀이다.

전자 때문에 낙담하지 마

한 무리의 사람들이 병원 진료소로 가서 혈액 검사를 했다고 상상해보자. 먼저 A형과 B형을 구분해 관문을 통과시킨다. 그런 다음 A형 사람들을 데리고 두 번째 진료소로 가서 A+와 A-형으로 구분한다. 이 작업이 끝나면 A+형 사람들을 첫 번째 진료소로 돌려보내는데, 이때 그들 중 몇몇 혈액이 B형으로 바뀌었음을 발견한다. 이 같은 상황이 전자에게 스핀 특성으로 나타나고 있다. 어떻게 이럴 수 있지?

일단 우리는 업스핀 전자를 좌·우 자기장 입구로 보냈을 때 모든 전자가 업스핀 특성을 지닌 상태로 나왔다고 가정했다. 그런데 이러한 가정은 우리가 관찰한 실제 현상을 제대로 설명하지 못한다. 좌·우 입구로 전자선을 쏜 뒤에 그 맞은편에서 명확히 확인하는 것은 전자의 좌·우 스핀뿐이다. 여기서는 전자가 업스핀인지 다운스핀인지 알 수 없으므로, 업·다운 특성이 남아 있다고 가정할 이유가 없다. 좌·우 스핀을 측정하는 동안 전자는 업·다운 스핀에 관해서는 잊어버리는 듯 보인다.

이것으로 우리는 새로운 불확정성 관계를 확인한다. 입자에서 축이 서로 다른 두 스핀은 동시에 알 수 없다. 수직·수평 스핀은 개별적으로 측정할 수 있지만, 입자의 위치를 측정하면 운동량 정보가 사라지듯 한 축의 스핀이 다른 축의 스핀을 지운다. 그런데 더욱 이상한 현상이 계속 발생한다.

입자의 특성은 우리가 그 특성과 상보적 관계에 놓인 다른 특성을 측정하면서 지워지는데, 이는 애초에 측정하는 행위 그 자체를 통해 입자 특성이 정해진다는 것을 암시한다.

슈테른-게를라흐 실험은 우리가 측정하지 않으면 스핀 특성이 사라지며, 다시 측정해야만 그 특성을 되찾을 수 있다는 것을 가르쳐준다. 우리가 보지 않을 때, 입자의 특성은 문자 그대로 존재하지 않는다. 어쩌면 이 이야기가 우리의 눈이 물체에 형태를 부여한다는 오래전 엠페도클레스 사상의 본질을 살짝 드러내고 있는지도 모른다.

잘 보고 있니?

이중 슬릿 실험을 돌이켜보며, 과연 우리가 실험 내용을 올바르게 이해했던 것인지 의문을 가져야 한다. 입자는 이중 슬릿을 통과할 때 확실한 위치를 차지한다고 생각했지만, 아마도 그렇지 않을 것이다. 어쩌면 전자는 전자가 아닌 기괴한 유령인데, 검출기 스크린으로 측정될 때만 특성이 명확한 입자로 변신하는 덕분에 이중 슬릿 실험 결과가 그런 식으로 도출되는지 모른다.

슈뢰딩거의 파동방정식을 풀면 입자 확률을 구할 수 있지만, 그 답을 실제로 측정해보기 전까지 아무것도 확정할 수 없다. 그리고 두 슬릿 중 어느 쪽도 통과하지 않은 입자에는 어떠한 특성도 확정되지 않는다.

우리가 실제로 해야 할 일은 각 슬릿 옆에 작은 카메라를 두고 입자가 어느 슬릿을 통과할지 결정하는 순간 어떤 행동을 하는지 지켜보는 것이다. 입자가 실제로 그곳에 있다면, 우리는 입자가 슬릿을 선택하는 장면을 목격할 것이다. 다소 뻔한 방법이긴 하지만.

좋아, 하나 말해두겠다. 앞으로 언급할 실험에서는 작은 카메라를 슬릿 옆에 두지 않을 작정인데, 특정 슬릿만 뚫어져라 들여다보는 일은 꽤나 지루하기 때문이다. 그러니 지금부터는 꼬마 촬영 감독들과 함께 슬릿을 촬영한다고 상상해보자.

슈테른과 게를라흐의 실험 결과가 나오기 전까지 사람들은 입자가 양쪽 슬릿을 동시에 통과하는 장면이 포착될 것이라 예상했었다. 그런데 실제로는 물리학에서 희한하기로 손꼽히는 사건이 발생한다. 카메라로 슬릿을 찍으면 전자는 마치 고전 입자처럼 한 번에 하나의 슬릿만 통과하고, 얼룩말 줄무늬는 사라진다.

카메라를 슬릿 곁에 두는 것은 일종의 측정이며, 측정은 어떻게든 입자가 입자로 존재하게 만든다. 슬릿을 촬영하지 않으면 입자들은 파동을 일으키지만, 우리가 카메라를 켜는 순간 다시 입자로 돌아와 움직인다. 우리는 흔히 정치인들이나 그런 식으로 행동한다고 생각하지, 입자가 그럴 거라고 예상하지 않는다. 그러면 입자는 도대체 카메라가 켜졌는지 꺼졌는지 어떻게 아는 것일까?

이러한 현상은 '측정 문제'로 알려져 있으며 근거도 명확하다. 우리가 입자를 측정하지 않을 때는 입자의 운동량, 에너지, 스핀, 심지어 위치마저도 비결정적이고 유동적이다. 이유는 모르지만, 현실 세계에서 물리량을 측정하는 행위는 입자가 특성을 결정하게 만든다. 입자는 분명히 우리의 시선을 의식한다.

6장

상자와 고양이

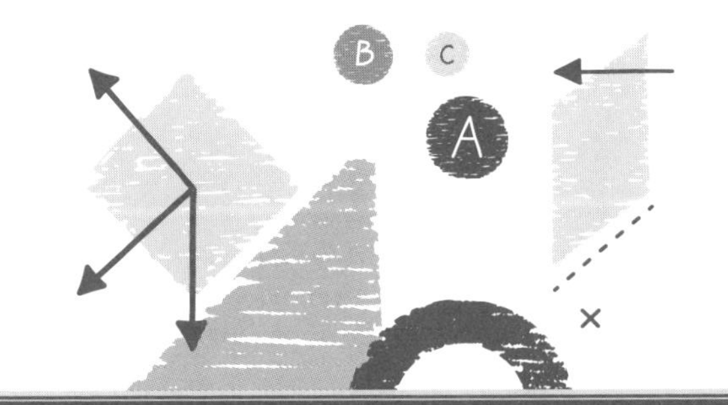

덴마크 방식

실험 결과가 쏟아지고 방정식이 정립되자 학계에 두 진영이 등장했는데, 그들에게는 기이한 양자 현상을 앞으로 어떻게 발전시켜나갈지에 대한 나름의 생각이 있었다.

한 진영에는 양자역학의 본질을 이해하려는 철학자들이 있었다. 아인슈타인, 슈뢰딩거, 드브로이 같은 사람들.

다른 진영에는 어떠한 의미가 있는지 고민하지 않고 양자역학을 사용하기만 하려는 수학 천재들이 있었다. 그중 단연 돋보인 인물이 코펜하겐에서 일하고 있었던 보어와 하이젠베르크였다.

1930년 하이젠베르크는 저서 《양자론의 물리학적 원리The Physical Principles of the Quantum Theory》에서 보어와 자신이 수년간 세운 양자론적 관점을 요약했다. 그들의 관점을 두고 하이젠베르크는 'das

Copenhagen giest'라고 언급했는데 'giest'는 문맥상 '영혼'이나 '정신'이란 의미에 더 가깝지만, 영어로 '코펜하겐의 유령The Copenhagen ghost'이라 번역되었다. 양자역학 자체가 유령의 좋은 사례인데도, 양자역학을 활용하여 유령이 실제로 존재함을 증명하지 못하는 것이 나는 무척 아쉽다.

양자역학에서 '코펜하겐 해석'은 인간의 경험이 물리학의 심오한 법칙과 동떨어져 있으므로, 우리는 결코 양자역학을 이해하지 못할 것이라는 실용주의적 관점을 취한다.

코펜하겐 해석은 여러 색상의 빛이 혼합되어 흰색이 되듯 입자의 특성도 섞여서 스핀이 업도 다운도 아니거나, 여기에도 저기에도 없는 것과 같은 '중첩 상태'에 놓일 수 있다고 주장한다. 중첩은 모든 것인 동시에 아무것도 없는 상태이다.

하이젠베르크는 말했다. "입자는 실재하지 않는다. 그리고 어떠한 존재나 사실이 아닌, 확률과 잠재력으로 세상을 구성한다."[1]

입자는 인간이 보기에 말이 되는지 개의치 않고 인간이 지닌 한계에 굽혀주지도 않을 것이므로, 우리는 입자를 액면 그대로 받아들일 수밖에 없다. 여러분은 눈앞에 펼쳐진 세상과 사랑에 빠지거나 비명을 지르며 도망친다. 파동함수는 일부분 현실에 존재하고, 나머지 일부분은 상상 속에 존재하며, 측정은 파동함수에 변화를 일으킨다. 이 문제에 관해서 더는 논할 것이 없다. 토론 끝.

요약

당황스럽게도 보어와 하이젠베르크는 그들의 신념에 대해 구체적이고 완전하게 명시하지 않았다. 두 학자에게 구체적인 답을 내라고 강요할 수도 있었겠지만, 어쨌든 그들은 양자 입자처럼 모호한 입장을 유지했다. 여기서 두 과학자가 무엇을 믿었는지 간략하게 요약하겠다.

측정이 이루어지지 않으면 자연은 중첩이라 부르는 복수의 상태(혹은 상태가 없는 상태)에 놓여 있지만, 측정이 진행되면 관측자가 마치 파리를 잡을 때처럼 중첩을 찰싹 때려 하나의 상태로 만든다.

슈뢰딩거 방정식은 측정으로 얻게 될 결과를 가르쳐주지만, 실제로 그러한 측정을 하기 전까지는 아무것도 결정되지 않으며, 측정을 하면 중첩은 붕괴되면서 마치 거품이 터진 것처럼 하나의 상태로 된다고 말한다. 붕괴 후에 남은 것은 입자의 고정된 상태로, 이를 입자의 고유 상태particle's eigenstate라 부른다. 이 상태가 고전물리학에서 연구하는 대상이며 측정이 이루어지기 전 우리는 고유 상태가 아닌 확률 파동을 다루어야 한다.

입자의 파동함수가 어떠한 고유 상태로 붕괴될 것인지는 알 수 없는데, 그것은 우주가 스스로 결정하는 사안이 아니기 때문이다. 우리는 측정을 하고, 사건의 발생을 관찰할 뿐이다. 그 덕에 보어와 하이젠베르크는 근심 없이 밤에 두 다리 쭉 뻗고 잘 수 있었다.

많은 사람이 코펜하겐 해석은 비열하고 추잡한 속임수라고 생각한다. 부연 설명은 하지 않으면서 모르는 상태로 그저 만족하면 된다고 이야기하기 때문이다. 직관을 발휘하는 것은 회피하면서 옳다고 느껴지지 않는 방정식을 어떻게든 사용하라고 맹목적으로 강요한다는 이유로, 비평가들은 코펜하겐 해석에 '닥치고 계산해shut up and calculate'라는 별명을 붙였다.[2] 코펜하겐 해석에서 파생되는 의문점 또한 상당히 심오하다.

1. 입자는 어떻게 여러 다른 상태로 동시에 존재하거나, 상태가 없는 상태로 존재할 수 있을까?
2. 측정은 왜 입자를 하나의 고유 상태에 가둘까?
3. 측정 결과는 왜 무작위일까?
4. 왜 모든 특성을 동시에 알 수 없을까?
5. 일상 세계는 어째서 세계를 구성하는 입자와 다르게 단순한 고전물리학 법칙을 따를까?

코펜하겐 해석은 어깨를 으쓱하면서 다섯 가지 의문에 이렇게 답한다. "이보게, 그건 원래 그런 거야." 그런데 이 대답은 몇몇 사람, 특히 아인슈타인에게는 먹히지 않았다.

더는 못 참겠다!

아인슈타인과 보어는 복잡한 애증의 관계를 유지했다. 그들은 서로의 지성은 존중했으나, 상대가 내세우는 양자역학에는 절대 동의하지 않았다. 모든 회의마다 참석해서 논쟁에 불을 지폈고, 상대가 얼마나 잘못 알고 있는지에 관해 개인적으로, 공개적으로 수없이 편지를 썼다. 만약 당시에 트위터가 있었다면 두 사람의 언쟁은 사이가 좋지 않기로 유명한 셀레나 고메즈Selena Gomez 대 저스틴 비버Justin Bieber, 혹은 카니예 웨스트Kanye West 대 네티즌에 못지않았을 것이다.

아인슈타인은 막스 보른에게 보낸 한 유명한 편지에서 자연을 무작위적 존재로 만든 양자론을 받아들일 수 없다는 의견과 함께, "그 이론은 많은 것을 말해주지만, 오래된 존재old one의 비밀에 한 발짝도 더 다가갈 수 없게 한다. 어쨌든 나는 신이 주사위를 던지지 않는다고 확신한다"라는 글로 끝맺음했다.[3] 여기서 언급된 '오래된 존재'는 비인격적인 신을 의미하는 아인슈타인의 암호였다.

두 사람과 좋은 친구였던 하이젠베르크에 따르면, 보어는 "신은 주사위를 던지지 않는다"라는 아인슈타인의 주장에 "신이 어떻게 세상을 다스려야 하는지 규정하는 것은 인간의 일이 아니다"라고 대답했다고 한다.[4] #불타는논쟁

달은 아름다워

아인슈타인이 코펜하겐 해석을 반대한 까닭은, 물리학은 사물의 작용을 탐구하는 데 목적이 있다는 이유에서였다. 자연은 양자역학을 통해 우리에게 무언가를 말하고 있다. 그리고 우리가 그것이 무엇인지 알아내는 것이 당연한 의무인 듯 보인다. 그런데 보어는 양자 현상을 관찰하고 그 양상이 홍미로워지자 곧바로 그것이 무엇인지 알기를 포기해버렸다.

아인슈타인은 코펜하겐 지지자 에이브러햄 파이스Abraham Pais와의 열띤 토론에서 측정 문제의 어리석음을 지적하며, 달을 보고 있지 않을 때는 달이 존재하지 않는다고 믿는지 질문했다.[5] 코펜하겐 해석에서 사물은 측정하기 전까지 특성이 정의되지 않기 때문에, 아무도 달을 관찰하지 않는다면 달의 파동함수는 다양한 위치와 상태가 동시에 존재하는 중첩에 놓인다.

문제는 이 발언이 코펜하겐 해석의 판단 근거가 될지는 모르겠으나 일단 우리의 직감과 충돌한다는 것이다. 관측하지 않은 달이 존재한다는 것을 증명하지 못한대도 우리는 달이 존재한다고 믿고 싶다. 그런데 아무도 관측하지 않을 때 달이 사라지면 안 되는 이유는 뭘까? 여러분은 달이 사라지지 않는다고 증명할 수 있는가?

보어의 관점에서 인간 정신은 최신 물리학을 탐구하기 위해서가 아닌, 아프리카 평야에서 열매를 채집하기 위한 목적으로 진화했다. 머지않아 우리는 벽에 부딪힐 수밖에 없었다. 양자역학을 이해하려는 인간은, 제임스 본드 영화 〈퀀텀 오브 솔러스Quantum of Solace〉 줄거리를 이해하려는 가정용 온도 조절기와 같다. 그러고 보면 실제 인간이 〈퀀텀 오브 솔러스〉의 줄거리를 이해하려는 것도 마찬가지로 불가능하다(시리즈물인 〈퀀텀 오브 솔러스〉는 전편을 보지 않으면 이해하기 힘들 정도로 내용이 복잡하다 - 옮긴이).

대중에게도 널리 공개된 두 사람의 논쟁에서 아인슈타인은 한물갔다는 평가를, 보어는 조심스러운 승리의 환호성을 들었다. 어떤 사람들은 아인슈타인에 관하여, 한때는 위대했으나 이제는 물리학의 최전방에 있지 않으며 자신이 잘나갔던 옛 시절의 과학이 훨씬 훌륭했다고 투덜대는 인물로 무자비하게 묘사했다.

이 같은 평가는 아인슈타인에게도 한계가 있음을 알리는 보람찬 일이기에 많은 사람에게 만족감을 안겨주었겠지만, 실제로 아인슈타인은 양자역학을 완벽하게 파악했었다. 이것이 양자역학의 결점을 찾기 위해 그가 열심히 노력했던 이유다. 아인슈타인은 양자가 실제로 무엇인지 알고 있었다.

슈뢰딩거의 악명 높은 좀비 고양이

아인슈타인이 언급한 신의 주사위와 달 이야기는 과학적으로 입증된 사실에 아무런 변화를 끌어내지 못하는 감정적 반론이었기 때문에, 보어는 어깨만 한 번 으쓱하고 말았다. 다음으로 코펜하겐 괴물과 싸우려 나선 인물이 슈뢰딩거였다.

나는 이런 장면을 즐겨 상상한다. 레슬링 링 밖에서 슈뢰딩거가 나비넥타이를 반듯하게 매고 소매를 걷어 올린 채 같은 편 선수 아인슈타인을 향해 "뒤로 물러서, 알베르트. 이 몸이 나서겠어"라고 외치고, 그 옆에서는 치어리더 군단이 응원한다. 치어리더 중에서 다섯 명은 슈뢰딩거의 아이를 가졌다.

아인슈타인과 다른 노선을 선택한 슈뢰딩거는 측정보다 중첩을 공격했다. 저널 〈자연 과학Naturwissenschaft〉 1935년 11월판에 그는 코펜하겐 해석이 영원히 힘을 못 쓰도록 만들어야 한다고 주장하는 에세이를 실었다. 여기서 오늘날 '슈뢰딩거의 고양이 역설'로 알려진 이야기가 등장한다.

고양이를 철창 안에 가두고 한 시간을 내버려 둔다고 상상해보자. 철창 안에는 방사성 물질이 들어 있고 그 옆에 가이거계수기가 설치되어 있어서 방사능이 방출되었는지 감지한다. 한 시간 사이에 방사능이 방출될지 예측하는 것은 불가능하지만, 우리는 방사성 물질의 파동함수를 토대로 이 시점 이후 방출 확률이 50퍼센트인 물질을 골랐다.

알파 입자가 원자핵 내부에 머무를 확률이 50퍼센트, 방출되어 계수기에 충돌할 확률이 50퍼센트다. 그런데 여기에 주목해야 할 부분이 있다. 가이거계수기에는 망치를 넘어뜨려서 청산가리가 담긴 플라스크를 깨뜨리는 사악한 장치가 연결되어 있다.

코펜하겐 해석은 알파 입자가 원자핵의 내부에 있거나 바깥에 있는 중첩된 상태로 존재하기 때문에, 망치는 쓰러졌거나 쓰러지지 않은 상태에 동시에 놓여 있다고 설명한다. 이것은 청산가리 플라스크가 깨졌거나 깨지지 않은 상태이며, 따라서 고양이는 죽었거나 살아 있음을 의미한다. 코펜하겐 관점을 진지하게 받아들인다면 터무니없는 상황도 수긍해야 한다. 중첩은 틀렸어야 했다.

그런데 슈뢰딩거가 어째서 고양이를 화살 같은 도구로 고통 없이 죽이지 않고, 산성 물질로 몇 분 동안 서서히 녹여 죽이는 방식을 선택했는지 의문이 생긴다. 여하간 그는 이상한 사내였다.

슈뢰딩거가 실험 대상을 고양이로 정한 이유 또한 명확하지 않다. 그가 반려견 버키에Burschie[6]와 반려묘 밀턴Milton[7]을 키웠다는 이야기도 전해지지만, 출처가 불분명하다. 아마도 슈뢰딩거가 글을 쓰고 있던 어느 날 아침, 밀턴은 책상 위에 배변하기 좋은 시간이라 생각했고 그 일로 슈뢰딩거가 불멸의 에세이를 남겼는지도 모른다. 누가 알겠는가?

슈뢰딩거의 고양이 사고실험은 '고양이가 죽었는지 살았는지 모르기 때문에 두 상황 모두 상상해야 한다'라고 이따금 잘못 표현되기도 한다. 그러나 이는 핵심을 놓친 설명이다.

코펜하겐 해석은 말 그대로 입자가 중첩될 수 있다고 설명한다. 이는 입자와 상호 작용한다면 어떤 것이라도 중첩 상태에 놓일 수 있다는 의미이다. 여러분이 상자를 여는 행위는 고양이의 파동함수를 붕괴시키며 각각 50퍼센트의 확률로 죽었거나 살아 있는 고유 상태에 놓이게 하지만, 그 전까지는 두 파동함수가 동시에 존재한다.

이는 그 실험을 실제로 수행하는 것이 무의미한 이유이기도 하다. 슈뢰딩거의 고양이는 절대로 중첩 상태에서 관찰되지 않을 것이다. 그것이 코펜하겐 해석의 핵심이기 때문이다. 여러분이 측정하는 상태는 중첩이 무작위로 붕괴되고 남은 고유 상태이지, 중첩 그 자체가 아니다. 따라서 현실 세계에서 상자를 여는 행위는 죽었거나 살아 있는 중첩 상태가 아니라, 살아 있는 고양이 혹은 엉망이 된 채 죽어서 우리에게 죄책감을 안기는 고양이 중 하나의 고유 상태를 확인하게 해줄 것이다.

7장

세상은 신기루다

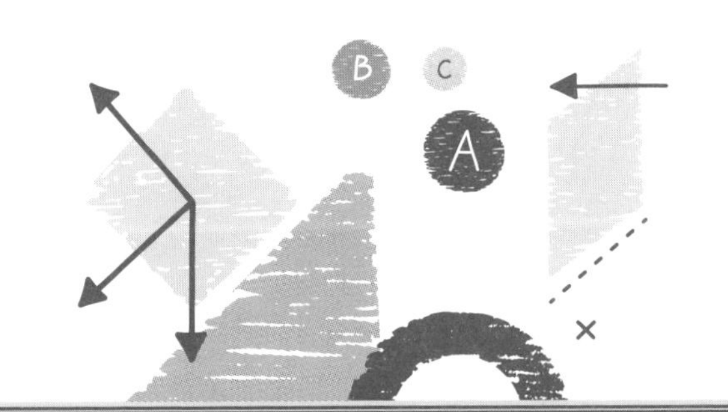

보십시오, 안 보이시죠?

디즈니·픽사 영화 〈토이 스토리Toy Story〉와 그 속편은 양자역학에 관한 내용이다. 장난감 주인 앤디가 관찰할 때면 주인공 우디는 평범한 장난감처럼 굴다가 앤디가 보지 않으면 살아 움직인다.

앤디는 장난감이 살아 있는 상태를 전혀 보지 못하고, 평범한 장난감으로만 관찰한다. 놀이 시간 사이에 장난감들이 움직여서 놓인 장소가 자꾸 변한다는 사실도 전혀 눈치채지 못한다. 하지만 앤디가 장난감을 신중하게 관찰한다면 매번 조금씩 다른 위치에 놓여 있음을 눈치챌 수 있을 것이다.

입자도 비슷하다. 우리가 입자를 보지 않으면 입자는 우리가 보고 있을 때와 상당히 다르게 행동하는 것 같다. 슈뢰딩거 방정식을 이용해 입자가 최후에 어떠한 결과를 가져올지는 추측할 수 있지만, 매번 무슨 일이 일어날지 정확하게 예측하는 것은 불가능하다.

앤디가 장난감들이 각각 어디에서 발견되는지, 그때마다 어떠한 상태였는지 세밀하게 기록하기 시작했다고 가정하자. 그는 장난감들이 관찰되는 상태를 확률만 가지고도 설명할 수 있음을 알아낸다. 이를테면 지난번 앤디가 우디를 두고 자리를 비웠던 곳에서 우디가 다시 발견될 확률이 90퍼센트라 해도, 방 맞은편이나 심지어 건물 밖 어딘가에서 우디가 발견될 확률도 있다(그럴 확률이 0은 아니다).

앤디가 코펜하겐 지지자라면, 그는 무슨 일이 일어나고 있는지 수학적으로 깔끔하게 설명할 방법을 고안할 것이다. 장난감들은 가능한 모든 위치에서 모든 상태로 동시에 존재하지만, 앤디가 방에 들어가는 시점에 중첩은 고유 상태로 붕괴된다. 그런데 의문점 하나가 생긴다. 방 안으로 들어온 앤디의 존재에서 장난감의 파동함수가 붕괴하도록 방아쇠를 당기는 요소는 무엇일까?

〈토이 스토리〉 첫 번째 시리즈에는 우디가 다른 장난감들에게 '장난감이 지켜야 하는 규칙'을 어기게 될 것이라고 설명하는 장면이 있다. 그 규칙은 정확히 무엇이며 누가 결정하는가?

앤디의 침실에 카메라를 설치해도 장난감이 살아 움직일까? 만약 뒤에서 감시당하고 있다는 사실을 장난감들이 모른다면 어떨까? 장난감들끼리 서로를 관찰하고 있지만 모두 살아 움직이는 이유는 무엇일까? 앤디가 키우는 강아지 버스터가 장난감을 보는 것은 어째서 괜찮을까? 인공지능을 가진 로봇이 장난감을 본다면 어떨까? 침팬지는 중첩에 붕괴를 일으킬까? 악당 시드가 우디의 말하는 모습을 보고 신경쇠약에 걸려 학교를 자퇴한 뒤에 쓰레기 수거 일을 한다는 내용이 〈토이 스토리 3〉에서 잠깐 지나가는데, 이에 대해서는 어떻게 생각하는가? (잘 살펴보도록. 카메오로 분명히 시드가 등장하니까.)

토이 스토리 세계관에서 측정이 갖는 철학적 함의를 알아내려는 것은 끔찍하지만, 그것이 우리가 양자역학에서 해야 할 일이다. 측정 문제는 단순히 인간의 직관에 어긋나는 것에서 그치지 않고 '무엇이 현실을 진정한 현실로 만드는가'라는 중대한 의문을 제기한다.

때로는 측정 문제가 하이젠베르크의 불확정성 원리와 혼동되기도 하지만, 그 둘은 완전히 같지 않다. 측정 문제는 '측정이 이루어질 때 입자는 어떠한 고유 상태가 될지 정한다'라고 말하는 반면, 불확정성 원리는 '측정할 때 우리는 측정하려는 정보를 제외한 다른 모든 정보를 포기할 수밖에 없다'라고 설명한다.

하이젠베르크의 불확정성 원리에 관하여 비유를 들자면, 시력에 문제가 생긴 앤디가 앞을 보기 위해 특별한 색안경을 쓰는 것과 같다. 색안경을 쓰지 않고 장난감을 보면 무슨 색인지는 알 수 있지만 형태가 흐릿하게 보인다. 장난감의 색은 확실히 보지만 형태는 보지 못하는 것이다. 반면에 색안경을 끼면 장난감 형태는 뚜렷하게 보이겠지만 색칠된 안경 탓에 정확한 장난감 색은 알 수 없다. 앤디는 색 또는 형태를 측정할 수 있지만, 두 특성을 동시에 측정하지 못한다.

내 안에 있는 너의 친구

1932년 물리학자 존 폰 노이만John von Neumann은 이중 슬릿 실험을 면밀히 분석하고 모든 면을 수학적으로 검토하여, 어느 단계에서 파동함수의 붕괴가 일어났는지 밝히기로 했다. 측정 과정 중 일부 단계는 특별해야 했다.

폰 노이만은 방출기를 출발하여 벽에 부딪히거나 슬릿을 통과하고 벽 반대편에서 나타나는 입자의 궤적을 따라가면서 파동함수를 계산했다. 곤혹스럽게도 그는 어느 단계도 특별하지 않다는 사실을 알아냈다. 양자역학 실험의 모든 단계는 물리적으로 동등하다.[1]

이 결과는 코펜하겐 해석에 심각한 타격을 입혔다. 파동함수의 붕괴를 일으키는 원인이 전혀 발견되지 않았다면 애초에 파동함수는 왜 붕괴되는 것일까? 보어와 하이젠베르크는 관심 없다는 듯 어깨를 으쓱했고, 아인슈타인은 헝클어진 머리를 긁적였으며, 슈뢰딩거는 침실 문을 닫았다. 방 안에서 무슨 일이 있었는지는 묻지 않는 것이 좋다.

측정 문제에 대한 해답으로 가장 많이 언급되는 (하지만 잘 설명하지는 못하는) 가설은 헝가리 물리학자 유진 위그너Eugene Wigner가 제안했다. 그는 슈뢰딩거 고양이 실험을 확장하여, 그 실험 장치를 직접 운영하는 과학자 친구 한 명을 등장시켰다.

우리는 밀폐된 상자 안에 고양이를 넣어두었고 그 고양이는 죽음과 삶이 중첩된 상태로 존재한다. 과학자가 상자를 열어서 고양이가 어떠한 고유 상태로 붕괴되었는지 확인한다. 어느 상태든 붕괴 확률은 반반이다. 밀폐된 방에서 실험이 진행되는 동안 위그너는 밖에서 기다린다고 가정하자.

코펜하겐 해석을 받아들인다면, 입자는 탐지기를 작동시키거나 작동시키지 않으며 고양이를 죽이거나 죽이지 않는다. 위그너의 관점에서 과학자 친구는 상자를 열어 죽은 고양이와 살아 있는 고양이를 동시에 발견한다. 그 친구는 고양이가 살아 있다는 안도감과 죽었다는 공포심을 동시에 느끼는 중첩 상태에 놓여 있으며, 고양이 용품과 청소 도구를 동시에 찾고 있을 것이다. 위그너가 실험실 문을 열고 무슨 일이 일어나고 있는지 확인해야 비로소 친구의 파동함수는 무너진다.[2]

이 이야기는 말이 되지 않는다. 중첩 상태에 놓인 인간 정신은 관찰된 적이 없으므로, 위그너의 친구는 중첩 상태가 될 수 없다. 인간이 무언가를 관찰하는 동시에 관찰하지 않는 상황은 어떤 순간에도 일어나지 않는다. 무언가를 인지하는 의식은 언제나 고유 상태로 존재한다. 따라서 위그너는 의식이 파동함수를 붕괴시키는 것이 분명하다고 주장했다.

위그너에 따르면, 측정을 논하는 상황에서 우리가 실제로 언급하는 대상은 측정 행위를 주도하는 의식이다. 그런데 인간 의식은 중첩된 상태로 존재할 수 없으므로 의식이 관찰하는 입자 역시 중첩 상태로 관찰되지 않는다.

분명 위그너는 미심쩍은 연구 결과를 발표해 사이버 대학교 학위를 취득한 별 볼 일 없는 인간이 아니었다. 노벨상을 받고 이름을 널리 알린 냉철한 물리학자였다. 그러한 그가 논쟁에서 의식을 거론한 것은 재미있어서가 아니라 다른 대안이 없다고 생각해서였다.

이곳을 주의하십시오

의식은 예나 지금이나 불가사의하다. 실험의 전 과정에 포함된 다양한 요소는 의식을 통해 기술되므로, 아직 우리가 완벽하게 이해하지 못한 영역인 의식의 내부에서 파동함수가 붕괴되었는지도 모른다.

위그너의 해석에는 몇 가지 심오한 초현실적 개념이 포함된다. 그의 해석은 첫째, 마음이 입자에 영향을 준다고 말한다. 둘째, 의식을 지닌 생물이 입자를 관찰할 수 있는 몸으로 진화하기까지 걸렸던 수십억 년 동안 우주 전체는 중첩 상태에 있었음을 암시한다. 인류 역사 초기, 인구수가 적고 지구 곳곳으로 인류가 퍼져 나가기 전의 어느 순간에는 아무도 달을 보고 있지 않았을 것이다. 그런 순간마다 달은 궤도를 벗어났을까? 그렇다면 지구는 왜 태양을 중심으로 도는 안정적인 궤도에서 이탈하지 않았으며 완전히 파괴되지도 않았을까?

그러한 비극을 막으려면 항상 달을 바라보는 누군가가 있어야 하는 것일까? 언제나 의식적으로 우주 전체를 감시하면서 아무도 보지 않는 영역이 생겼는지 살피는 최상위 의식이 존재하는 것일까?

이를 설명하기 위해 철학자이자 신학자인 로널드 녹스Ronald Knox가 관찰을 주제로 썼다고 알려진 도발적인 시를 소개하겠다.

> 한 남자가 말했다.
>
> "신은 대단히 이상하게 여기리라,
>
> 정원에 아무도 없음에도

나무가 변함없이 그곳에 있다고
생각한다는 것을."
응답:
"그대의 말은 놀랍고도 기이하다.
나는 언제나 정원에 있으니,
나무도 언제까지나
여기에 있을 것이다,
그대의 충실한 신이 보고 있으니."

마법을 부리는 의식

위그너가 제안한 의식에 관한 아이디어는 과감했지만, 곡해하는 사람들이 자연스레 등장했는데 특히 뉴에이지 운동에 참여한 특정 인물들이 그러했다. 여러분이 소위 '양자적 영성quantum spirituality'이라는 가르침을 접해본 적 없을 수 있으니, 여기서 잠시 요약해보겠다.

인터넷에서 양자역학을 검색하면 과학 분야의 실제 기사와 함께 결정체crystals, 운동, 좌파 정치, 불교, 힌두교, 채식주의, 요가, 자기 정체성, 명상에 관한 기사들도 발견할 수 있을 것이다. 이 모든 내용은 토론해볼 만한 흥미로운 주제이긴 하지만, 양자역학과는 어떠한 측면에서도 관련 없다.

양자 영성주의quantum spiritualism란 '열망 철학aspirational philosophy'과 연관된다. 많은 영적 스승이 주장하기를 의식이 현실에 영향을 주므로 어떤 일을 간절히 생각하면 그 일이 이루어진다고 말하기 때문이다. 지금부터 나는 그들의 가르침을 물리 용어로 바꾸어 설명할 작정인데, 영적 스승들이 양자역학을 소재로 말했던 내용은 그렇게 해도 괜찮다고 생각한다.

내가 분명하게 밝히고 싶은 것은, 영성spirituality이란 중요한 주제이며 많은 사람이 인생을 살면서 영성에 대해 곰곰이 생각하는 시점을 맞이한다. 실제로 양자역학의 창시자 중에는 영적으로 깊이 있는 사람들이 많았다(특히 슈뢰딩거와 파울리). 하지만 우리는 무엇이 진실인지 아닌지 선을 그어야 한다.

어떤 대상을 측정하는 행위는 파동함수를 붕괴시키지만, 최종적으로 어떠한 고유 상태에 놓일지 결정하지는 못한다. 그것은 언제나 무작위로 일어난다.

발생 가능한 고유 상태들은 각각 슈뢰딩거 방정식과 연관된 '확률 진폭'을 지닌다. 이 확률 진폭이 어떠한 고유 상태로 결정될 것인지 가능성을 알려주며 최종 상태는 측정 행위가 아닌 확률 진폭으로 결정된다.

의식이 고유 상태를 구체화한다는 주장은 받아들일 수 있지만,

의식이 고유 상태의 구체화 과정에 영향을 준다고 말하는 것은 확실히 잘못되었다. 여러분은 현실을 관측하는 사람이며, 양자적 의미에서 현실의 형성 과정에 영향을 주지 않는다. 지금보다 더 멋진 세상을 만들고 싶다면, 유감스럽지만 나는 여러분이 기존 교육 방식에 따라 좋은 사람으로 성장해야 한다고 믿는다.

과거에 위그너식 코펜하겐 해석은 양자 논쟁의 흥미로운 부분이었으며 고양이의 의식이 파동함수를 붕괴시키는 것으로 고양이 역설을 보기 좋게 해결했다. 하지만 솔직히 말해 이런 식의 주장은 잘못되었다.

파동함수가 어떻게 붕괴되는지, 의식이란 무엇인지 알 수 없다고 말하지만, 이 두 무형의 존재는 우리에게 어떻게든 세상을 보여주기 위해 협력한다. 그러고는 신비로운 현상들을 어두운 동굴 속으로 다시 밀어 넣으면서 "답은 여기에 있어, 그런데 훔쳐보지는 마!"라고 외친다.

뇌는 신비롭지만, 신비로움이 '자연법칙의 테두리 바깥'을 의미하지는 않는다. 우리가 아직 구체적인 내용을 모른다는 것을 의미할 뿐이다. 양자 관점에서 관측을 설명할 때 초자연적 현상을 떠올릴 필요는 없으며 오히려 그러한 생각을 무시해야 할 이유는 상당히 많다.

8장

양자는 사라져야 한다

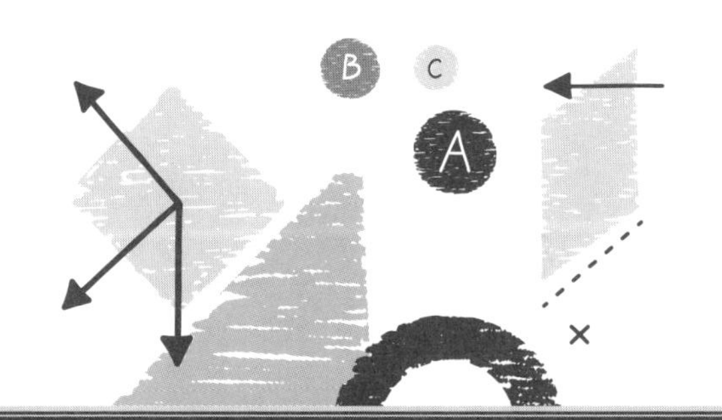

알베르트 아인슈타인이 양자론을 공격하다!

자신이 창조한 괴물을 버린 프랑켄슈타인처럼, 56세 세계 최고 물리학자가 자신의 창조물에게서 등을 돌린 사건이 1935년 5월 4일 〈뉴욕 타임스New York Times〉 헤드라인으로 실렸다. 아인슈타인은 양자역학에 대해 항상 불안감을 느꼈으며, 1935년 이후 그가 사망할 때까지 젊은 동료 네이선 로즌Nathan Rosen의 도움을 받아 양자 연구에 모든 시간을 바쳤다.

아인슈타인과 로즌은 러시아 물리학자 보리스 포돌스키Boris Podolsky와 함께 수년 동안 피, 땀, 눈물을 흘린 끝에 마침내 보어의 갑옷에서 균열을 발견했고, 훗날 그 발견은 아인슈타인-포돌스키-로즌 문제, 짧게 줄여 'EPR'로 알려졌다.[1]

고양이는 처형되어야 하는가?

슈뢰딩거 방정식은 입자를 시간에 따라 변화하는 확률 특성의 제곱근(파동함수)으로 기술하는데, 이 방정식을 입자 하나에만 적용할 필요는 없다.

헬륨 원자는 두 개의 전자가 원자핵 주위 오비탈을 채운다. 파동함수는 결합할 수 있으므로 두 전자의 파동함수를 합치면 하나의 '이전자 파동함수'를 형성한다. 수학적으로 계산하기는 상당히 복잡하지만, 물리학적 측면에서 이해하기는 어렵지 않다.

여기서 더 나아가 핵의 양성자와 중성자 파동함수에 전자쌍 파동함수를 더하여 원자 전체의 파동함수를 도출할 수도 있다. 실제로 그러한 계산을 하는 것은 어려우므로 대개는 지름길을 택하지만(부록 II 참조), 이론상 아무리 많은 입자가 포함되어 있어도 원한다면 어떤 대상이든지 파동함수를 계산할 수 있다.

우선 전자 두 개부터 파동함수 결합을 시작해보자. 파동함수 계산에 사용하는 모든 값은 단일 전자가 아닌 한 쌍의 전자를 기본 단위로 둔다.

전자 한 쌍의 파동함수로부터 우리는 두 전자 가운데 하나는 업스핀, 다른 하나는 다운스핀이라는 것은 알 수 있지만, 측정하기 전까지 각 전자의 스핀 상태를 확정할 수 없다. 그리고 두 전자의 파동함수는 결합되어 있으므로, 단일 전자가 아닌 전자의 조합으로 기술해야 한다.

슈뢰딩거는 이처럼 서로 연결된 두 입자의 상태를 '얽힘entangled' 이라고 불렀다. 이들의 특성이 서로 얽혀 있어서 측정하기 전까지는 어느 입자가 어떤 특성인지 예측하기도 불가능한 까닭이다.[2]

다시 한번 슈뢰딩거의 상자를 떠올려보라. 이번에는 상자 안에 고양이 두 마리가 있다고 상상하자. 고전적인 관점에서 두 고양이는 쉽게 구별된다. 털이 부드럽고 수염이 긴 노란 고양이의 이름은 '손모아장갑', 털이 거칠고 수염이 짧은 검은 고양이 이름은 '장화'다. 양자역학적 관점에서는 상자 안에 '노란 고양이'와 '검은 고양이'의 상태가 들어 있으며, 이와 함께 '부드러운 털'과 '거친 털', '긴 수염'과 '짧은 수염' 상태도 존재한다고 설명한다.

상자를 열면 털이 부드럽고 수염이 짧은 검은 고양이와 털이 거칠고 수염이 긴 노란 고양이를 발견할지도 모른다. 무엇이 고양이의 본래 모습이었는지 확신할 수 없다.

'손모아장갑'을 분명하게 드러내는 특성들이 '장화'의 특성과 뒤엉켜 있으므로 이제 '손모아장갑' 고양이는 존재하지 않는다. 본래 모습의 고양이는 이제 존재하지 않는 점이 아쉽지만, 얽힘을 통해 다른 고양이와 교배될 수 있다.

분할과 혼돈

아직 측정하지 않은 입자가 있다고 가정하자. 입자의 업스핀과 다운스핀은 중첩되어 있다. 이제 그 모母 입자 하나를 반으로 쪼개서(어떻게 할 수 있는지는 고민하지 말 것. 그냥 가정한다) 딸 입자 두 개를 생성했다고 생각해보자. 모 입자의 파동함수가 둘로 분할되긴 했지만, 파동함수의 모든 정보는 여전히 남아 있다. 두 딸 입자에는 모 입자의 특성들이 섞여 있으나 누구에게 어떤 특성이 있는지 아직 알 수 없다.

기존 상식을 활용하여 여러분은 입자 중 하나가 업스핀, 다른 하나가 다운스핀이라고 결론지을 수 있다. 그런데 양자역학은 입자의 특성이란 측정 전까지 결정되지 않는다고 말한다. 이 두 입자에는 전체적으로 업·다운 상태가 존재하지만, 아직 누가 어느 쪽인지 결정되지 않았다.

우리가 이들 입자 중 하나를 측정하면 그 입자의 고유 상태가 정해진다. 두 입자의 파동함수는 여전히 업·다운 스핀의 합으로 존재하므로, 입자 가운데 하나가 업스핀으로 정해지면 측정하지 않은 입자는 그 즉시 다운스핀으로 결정된다.

슈뢰딩거에 따르면 파동함수의 총합은 계속 업·다운을 유지하기 때문에 측정하지 않은 입자가 중첩 상태로 남는 것은 허용되지 않는다. 측정으로 두 입자 중에서 하나가 고유 상태가 되면 다른 입자도 그에 상응하는 고유 상태를 취해야 한다.

그런데 측정하지 않은 입자가 다운스핀 상태로 붕괴되려면, 앞에서 측정된 입자가 업스핀으로 결정되었다는 사실을 알아야 한다. 두 입자 사이에서 '내가 업스핀으로 붕괴되었으니, 이제 너는 다운스핀으로 붕괴되는 게 좋겠다!'라는 메시지가 전달되어야 한다.

두 입자가 얼마나 멀리 떨어져 있는지는 문제 되지 않는다. 방 맞은편이든 행성 반대편이든 상대의 고유 상태를 알아낼 수 있으며 결과는 같을 것이다. 양자역학은 한 쌍의 얽힌 입자가 순간적으로 정보를 주고받아야 한다고 예측하는데, 여기에서 EPR 역설이 발생한다. 특수상대성이론에 위배되므로, 정보가 그토록 빨리 전달될 수 없다는 것이다.

상대적으로 간단한

양자역학은 하나의 팀 활동이었다. 감독은 플랑크, 주장은 아인슈타인, 골키퍼는 보어(실제 그가 뛴 포지션), 미드필더는 드브로이와 보른과 파울리, 공격수는 하이젠베르크와 슈뢰딩거, 수비수는 슈테른과 게를라흐였다. 오, 그리고 팀 마스코트는 고양이였다. 분명히.

양자역학 발전에 기여한 사람들에게 30여 개의 노벨상이 수여되는 동안, 아인슈타인은 핵심 인물이기는 했으나 여러 과학자 가운데 한 사람이었다. 하지만 특수상대성이론은 처음부터 끝까지 아인슈타인이었다.

상대성이론에는 아인슈타인이 1905년에 발표한 특수상대성이론과 1916년에 발표한 일반상대성이론, 두 가지가 있다. 일반상대성이론은 책의 마지막 장에서 언급하겠지만, EPR 역설은 전부 특수상대성이론에 관한 것이니 미리 친숙해지자.

특수상대성이론은 두 가지를 가정한다.

1. 측정을 하는 동안 누구의 관점도 특별하지 않다.
2. 누가 어떻게 움직이든 빛의 속도는 언제나 같다.

첫 번째 가정은 아무도 자신의 관측이 객관적이라고 말할 수 없음을 의미한다. 예를 들어, 여러분은 아마도 지금 가만히 앉아 있다고 생각할 것이다. 하지만 그렇지 않다. 여러분은 태양 주위를 돌고 있고, 여러분의 몸은 이 문장을 읽기 시작했을 때 있었던 곳으로부터 90킬로미터 멀어졌다. 이는 속도계를 누가 잡느냐에 따라 상황이 달라진다는 것을 말한다. 여러분은 본인 관점에서 0km/s이지만, 태양 관점에서는 30km/s로 태양 주위를 돈다. 특수상대성이론에서 0km/s와 30km/s는 모두 타당한 답이며, 단지 환경이 서로 다르기에 상대적일 뿐이라고 설명한다.

여러분이 화살을 20m/s로 쏘면 친구가 화살과 같은 방향으로 자전거를 타고 15m/s로 달린다고 가정하자.

여러분은 화살이 20m/s로 날아간다고 말하겠지만, 만약 친구에게 묻는다면 그녀는 자신이 탄 자전거와의 상대속도인 5m/s로 화살이 날아간다고 답할 것이다. 모든 속도는 똑같이 유효하므로 두 사람이 대답한 값은 전부 사실이다. 하지만 빛의 속도는 다르다. 빛의 속도는 누구에게나 299,792,458m/s다. 언제, 어디서든.

빛이 유리를 통과하는 동안 속도가 느려진다고 학교에서 배웠을지 모르겠으나, 이는 다소 잘못된 설명이다. 광자가 유리를 구성하는 원자에 흡수되고 재방출되면서 이동에 걸리는 시간은 전반적으로 지연되지만, 각 원자 사이로 이동하는 빛의 속도는 여전히 299,792,458m/s다. 이 속도는 우주에서 언제나 일정하다.

여러분이 횃불을 비춘다면, 그 빛의 속도도 299,792,458m/s다. 다시 한번 친구가 빛과 평행하게 100m/s로(그녀는 매우 건강하다) 자전거 페달을 밟는다. 지금 친구에게 빛이 얼마나 빨리 이동하는지 묻는다면 여전히 그녀는 299,792,458m/s라고 대답할 것이다. 여러분이 측정한 속도와 같다면서 말이다. 그녀의 대답은 왠지 틀린 것 같다. 앞에서 언급한 화살과 함께 달리는 상황처럼, 친구가 빛 옆에서 100m/s로 달리고 있다면 그녀가 측정한 빛의 속도는 여러분이 측정한 값보다 느려야 한다. 그러나 특수상대성이론은 다르게 이야기한다. 빛의 속도는 누구에게나 똑같다.

친구가 광속의 99퍼센트로 달리고 있다고 가정해도, 그녀의 속도계는 여전히 빛을 299,792,458m/s로 측정한다. 여러분은 친구가 다른 대답을 하기를 기대하겠지만, 그녀는 매번 같은 대답을 한다.

이번에는 친구가 방향을 틀어 여러분을 향해서, 즉 빛과 마주 보는 방향으로 움직인다고 가정하자. 빛은 친구를 향해, 친구는 빛을 향해 다가가고 있으므로 그녀는 빛을 더 빠른 값으로 관측해야 하는 것이 아닐까? 아인슈타인이 그렇지 않다고 답한다. 친구가 측정한 빛의 속도는 같다.

빛의 속도는 누가 관측하든 언제나 같다는 것을 증명하는 쉬운 방법이 있지만(부록 Ⅲ 참조), 일단 주어진 내용만으로 판단하면 그 의미는 정말 이상하고도 놀랍다.

두 사람이 서로 다른 속도로 움직이는데도 빛이 같은 속도로 관측된다면, 그들의 기준 프레임 사이에서 무언가가 왜곡되고 있는 것이 틀림없다. 두 사람이 서로 다른 상황에서 측정해도 같은 결괏값을 얻는다면 무언가 잘못된 것이다. 아인슈타인은 그것이 시간이라고 지목했다.

특수상대성이론의 두 가지 가정을 받아들인다면, 움직이는 두 관찰자에게 시간은 다른 속도로 흘러가고 있을 것이다. 빠르게 이동하는 사람의 시계는 느려지고, 그 느려진 시간 동안 이동하는 빛은 더 빠르게 관측된다. 따라서 자전거를 탄 친구의 시간은 더디게 흐르며, 그녀가 곁으로 지나가는 빛의 속도를 측정하면 빛은 그만큼 빠르게 관측된다.

하지만 친구는 이러한 시간 지연을 감지하지 못할 것이다. 시계를 본다 해도 그녀는 시곗바늘이 똑딱거리는 모습에서 평소와 다른 점을 전혀 발견하지 못할 것이다. 친구의 뇌 속 모든 입자 역시 지연된 시간의 흐름을 느낀다. 그녀의 관점에서 시간이 왜곡되는 쪽은 여러분이다. 친구는 여러분이 빨리감기를 한 영화처럼 움직이는 모습을 보지만, 두 사람 중에서 어느 한 사람의 시간이 '맞는다'라고 말할 수는 없다. 모든 측정은 똑같이 유효하기 때문이다.

꾸며낸 이야기처럼 들린다. 그렇지 않은가? 1971년 리처드 키팅Richard Keating과 조지프 하펠레Joseph Hafele는 원자시계 두 대의 시간을 똑같이 맞춘 뒤에 서로 다른 속도 조건에 두고 특수상대성이론을 검증했다. 시계 한 대는 상업용 제트기를 타고 전 세계를 여덟 번 비행했고(시계 씨는 항공권도 소지했다), 다른 한 대는 지상에 남았다.

하펠레과 키팅이 비행을 마치고 시계 씨가 가리키는 시각을 그의 동생과 비교하자 아인슈타인이 예측한 만큼 정확하게 시계 씨가 느려져 있는 것을 발견했다.

분명 시계 두 대의 시간 편차는 매우 작지만(시계 씨는 동생과 비교해 몇 나노초 늦어졌다), 빠르게 움직일수록 실제로 조금 더 느리게 나이를 먹는다. 어느 정도.

시간이 최대한 느려진다면, 즉 시간이 멈추면 시간 지연 효과도 진행되지 않는다. 그럼, 어떤 속도에서 시간이 멈추는지 알겠는가? 299,792,458m/s다. 빛의 속도는 실제로 시간을 멈추게 하는 속도이자, 움직이는 물체가 도달할 수 있는 최대 속도다.

빛의 속도를 논할 때면 우리는 움직이는 물체가 낼 수 있는 가장 빠른 속도가 빛의 속도라고 말하는데 이것은 정확한 표현이 아니다. 여러분의 속도가 점점 빨라져 299,792,458m/s에 가까워질수록 시간이 점점 느려지다가, 광속에 도달하면 시간이 멈춘다고 말하는 편이 정확하다.

빛 자체에는 특별한 점이 없다. 우주에는 최대 속도가 존재하고, 그 속도로 빛이 움직인다는 것이 특별하다. 시간 왜곡은 움직이는 모든 물체에 속도 제한을 두는 것이며 양자 얽힘을 불가능하게 한다.

특수상대성이론에 따르면 299,792,458m/s보다 더 빠르게 두 입자 사이를 이동할 수 있는 존재는 없다. 하지만 얽힌 입자 사이에서 정보는 그렇게 이동해야만 한다. 업스핀을 선택한 입자는 빛보다 빠른 속도로 상대 입자에게 긴급 속보를 보내서 붕괴를 지시한다. 이것이 아인슈타인이 '유령의 원거리 작용spooky action at a distance'이라 언급한 개념이다.

유령 고양이

아인슈타인, 포돌스키, 로즌은 양자역학과 특수상대성이론 사이의 불일치를 부각하는 동시에 그에 대한 해결책도 제시한다. 양자역학은 틀렸고, 아인슈타인은 옳았다. 정말 놀라운 그들의 이야기를 들어보자.

얽힌 입자들은 측정에 앞서 스핀 방향을 미리 결정해야 한다. 두 입자는 인탱글러entangler(얽힌 상태로 만들어주는 장치에 내가 대충 지어준 별명) 장치 속에서 서로 얽히는 동안 계약을 맺고, 미리 정해놓은 비행경로를 따라 이동한다.

두 입자는 다음과 같은 대화를 나눈다.

전자A: 이봐, 슈테른-게를라흐 스핀 측정기를 발견하면 너는 업스핀, 나는 다운스핀이 되는 거야. 알았지?

전자B: 잠깐, 내가 왜 업스핀이야?

전자A: 에휴, 넌 항상 이런 식이야. 안 그래?

전자B: 내가 어떤 식이었는데?

전자A: 까다롭게 굴잖아.

전자B: 그런 건 아냐, 친구. 그냥 스핀 상태를 공평하게 정하자는 거야.

위 대화는 아인슈타인이 주장한 내용 그대로다.

아인슈타인의 관점에서 얽힘을 해석하면, 입자는 우리가 측정하게 될 답을 미리 정해두었으며 측정되는 순간 어떤 상태가 될지 결정하지 않는다. 중첩은 실제로 존재하지 않는다. 단지 우리가 답을 모를 뿐이다.

빨간색 고양이와 녹색 고양이를 데리고 있다고 가정해보자. 둘 다 상자에 담아 각각 태양계 양 끝으로 보낸다. 한쪽 끝에 있는 상자를 열어 빨간색 고양이를 발견하면, 그와 동시에 다른 상자에 무엇이 들어 있는지 알 수 있다. '녹색 고양이'라는 정보가 우주를 가로질러 우리에게 왔다고 비유를 들 수는 있겠지만 실제 두 상자 사이에서 무언가가 이동할 필요는 없으므로, 여기서 상대성이론을 위반하는 사항은 없다.

양자적 관점에서 고양이는 특성을 미리 정하지 않으며 측정되는 순간 무작위로 결정된 상태 정보를 텔레파시를 통해 빛보다 빠른 속도로 교환한다. 반면 아인슈타인 관점에서는 언제나 고양이의 특성이 정해져 있다. 단지 측정하기 전에 고양이의 특성을 확인할 수 없을 뿐이다.

이 같은 내용의 논문을 발표한 후에 아인슈타인과 로즌은 계속 긴밀하게 협력하면서 우정을 나누었다. 그런데 일부 역사학자의 주장에 따르면 포돌스키는 냉전 기간에 KGB 소속 스파이로 활동하면서 숨 막힐 듯이 멋진 암호명을 썼다고 한다. 암호명: 퀀텀.[3]

아, 양자역학에서 언급하는 비유에는 대부분 상자를 열거나 닫는 내용이 포함되어 있다. 하지만 다음에는 참신한 비유를 들 생각이다. 약속한다.

아인슈타인, 벨을 울리다

아인슈타인 삼인방은 이론을 발표하면서 승자의 여유를 누릴 준비를 마쳤으나, 1960년대에 등장한 북아일랜드 과학자 존 스튜어트 벨John Stewart Bell이 그 계획을 망쳐놓았다. 과학자로 평생 열정을 다해 연구한 벨은 거만해지지 않고 대중에게 물리학을 소개하는 활동에 힘썼는데, EPR 역설의 서술 방식을 살펴보던 중 상당히 흥미로운 아이디어를 생각해냈다.

존 스튜어트 벨을 노벨상 최종 후보에 오르게 한 벨의 정리[4]는

EPR 역설을 실제 실험을 통해 검증하는 획기적인 내용이었다. 그런데 비극적이게도 벨은 노벨상 위원회가 결정을 내리기 전에 사망했고, 노벨상을 받을 수 없었다. 위원회가 사후 수상을 허용하지 않기 때문이다. 하지만 벨의 정리는 여전히 세상에 남아 있다.

얽힌 두 입자에 앨리스와 밥이라는 이름을 붙이고, 방 맞은편에 놓인 슈테른-게를라흐 실험 장치에 통과시켜 두 입자를 분리해보자. 여러분은 측정할 때마다 장치 입구에 걸린 자기장을 수직, 수평, 대각선으로 정렬할 수 있다. 일단은 아인슈타인이 옳았다고 가정하자. 두 입자가 측정에서 어떠한 스핀을 선택할지 미리 결정했다는 관점이다.

입구의 자기장이 수직 배열이면 업·다운 스핀을 결정하고, 수평 배열이면 좌·우 스핀을 결정한다. 그럼 대각선 배열이면…… 음…… 북동·남서 스핀이겠지?

수직, 수평 배열 스핀은 서로에게 영향을 주지 않지만, 대각선 배열 스핀은 그렇지 않다. 입자가 가진 수직, 수평 스핀이 대각선 스핀 방향에 영향을 줄 것이다.

이렇게 생각해보자. 여러분이 장치의 자기장을 수직으로 정렬해서 앨리스가 업스핀으로 결정되면, 밥은 100퍼센트 다운스핀이다. 여기서 밥의 스핀을 정하는 자기장을 수평으로 설정하면, 어떠한 결과가 나올지 예측할 수 없다. 앨리스가 업스핀일 때, 밥이 좌 또는 우 스핀을 선택할 확률은 각각 50퍼센트이다.

그런데 자기장을 45도 대각선으로 배열하고 밥을 통과시키면 수직·수평의 중간 지점에서 스핀을 검출하게 되는데, 이는 밥의 스핀을 50퍼센트와 100퍼센트의 중간값에 해당하는 정확도로 예측할 수 있음을 의미한다. 여러분은 밥이 75퍼센트 확률로 어떠한 대각선 스핀을 선택할지 예측할 수 있다.

입자가 업스핀이면 대각선 스핀이 북동쪽(45도 위쪽)일 확률이 75퍼센트이며, 입자가 다운스핀이면 대각선 스핀이 남서쪽(45도 아래쪽)일 확률이 75퍼센트이다.

아인슈타인에 따르면 앨리스와 밥은 누가 업 또는 다운스핀이 될지를 미리 결정하는데, 이를 근거로 벨은 앨리스와 밥에게 두 대각선 스핀 가운데 선호하는 스핀이 있다고 언급했다.

우리는 전자의 대각선 스핀과 수직 스핀을 동시에 측정할 수 없지만(당신을 저주한다, 하이젠베르크), 그 전자와 얽힌 다른 전자의 스핀은 측정할 수 있다. 앨리스의 수직 스핀을 측정해 업스핀인 것을 확인하면, 밥은 반대 스핀(다운스핀)으로 결정되면서 그것이 대각선 스핀에도 영향을 준다. 앨리스가 업스핀이면, 밥이 대각선 자기장 입구를 지나 남서쪽 스핀으로 정해질 확률이 75퍼센트이다.

이제 실험을 100회 반복해보자. 앨리스의 검출기를 수직으로 설정하여 75퍼센트 확률로 업스핀이 나오면, 밥이 남서쪽 스핀으로 측정될 확률은 그 결과의 75퍼센트이며 반대 경우도 마찬가지다.

그런데 앨리스와 밥이 측정 전까지 스핀 방향을 결정하지 않았다면, 실험 결과는 75퍼센트로 나오지 않을 것이며 다른 결괏값이 도출될 것이다. 분명히 이 실험은 중첩이 실제 존재하는지에 대한 해답이 될 것이다.

1982년 프랑스 물리학자 알랭 아스페Alain Aspect는 아인슈타인의 주장을 입증하는 동시에 보어의 코펜하겐 해석을 영원히 파멸시키리라는 희망을 품고, 벨이 세워둔 실험 설계에 따라 실제로 작동하는 얽힘 장치를 제작하여 EPR 검증 실험을 수행했다.[5]

벨은 이 실험에서 앨리스와 밥의 스핀 확률이 75퍼센트로 일치하며, 입자에는 이미 결정된 숨겨진 특성이 있다고 증명되기를 내심 바랐다. 하지만 결과는 달랐다. 완전히 달랐다. 벨이 주장한 확률 75퍼센트로 관찰되지 않았다. 이 결과는 EPR 역설을 통해 입자 특성은 이미 정해져 있다고 주장한 아인슈타인의 고전물리학적 관점이 틀렸음을 의미한다.

입자는 측정 도중 어떠한 상태가 되어야 할지 미리 정해두지 않는다. 그런데 어찌 된 셈인지 특수상대성이론에 위배될 정도로 먼 거리에 놓인 두 입자도 측정 순간 자신의 상태를 결정한다. 양자적 기묘함의 승리이다.

이 실험 결과로 입자가 빛보다 더 빠르게 메시지를 보내고 있음이 증명되지는 않았다. 하지만 솔직히 말해서 이 결과가 무엇을 증명하는지 확실하게 알아낸 사람도 없다.

입자 사이에서 무언가가 빛보다 빨리 이동한다고 생각하는 것도 하나의 해석이다. 입자들이 우주의 차원을 초월하는 작은 웜홀로 연결되어 있다는 해석도 존재한다. 공간적 환상幻像이 실제로는 함께 있는 입자가 서로 분리되어 있다고 인간을 착각하게 만든다는 해석도 있다.

이해할 수 없지만, 어찌 된 일인지 얽힌 두 입자는 아무리 멀리 떨어져 있어도 의사소통이 가능하다. 여러분이 지구상의 한 입자에 가하는 행위는 메시지를 통해 그 즉시 달에 있는 쌍둥이 입자에도 영향을 줄 것이다. 그들 사이에 무슨 일이 벌어지고 있는지에 대한 여러분의 추측은 다른 이들의 가설만큼 유용하다. 개인적으로, 나는 고블린이 하는 짓이라 생각한다.

9장

원격전송, 타임머신 그리고 소용돌이

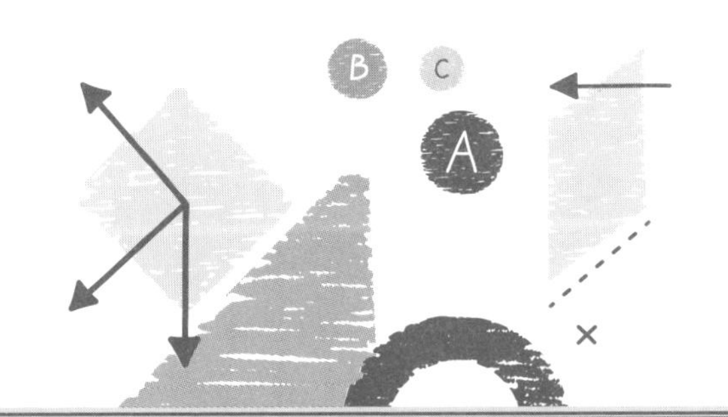

순간 인스타그램

지구에서 두 개의 입자를 얽힌 상태로 만든 다음 각각 우주 반대쪽 끝으로 보내면 두 입자는 얽힘 연결을 통해 순간적으로 의사소통을 할 수 있다. 그렇다면 그 얽힘 연결로 빛보다 빠르게 신호를 전달할 수 있을까? 슬프지만, 답은 '아니오'이다.

스핀 특성이 결정되지 않은 두 얽힌 입자를 상자 두 개에 각각 넣어서 봉인한다고 가정해보자. 잠깐! 이런, 다음 비유에서는 상자를 안 쓰겠다고 했었군……. 그럼 닭 두 마리의 몸속에 넣어 봉인한다고 치자. 한 마리는 화성으로, 다른 한 마리는 해왕성으로 보낸다.

화성 주민이 닭의 배를 갈라서 속을 들여다보면 입자는 업스핀으로 결정된다. 흥미롭다고 그녀는 생각한다. 화성 주민은 해왕성 주민에게 보낸 닭 몸속 입자가 다운스핀이라는 것을 곧바로 알게 된다. 그런데 화성 주민에게는 일반적인 메시지 전송 경로를 제외하면 해왕성 주민에게 자신이 확인한 스핀 상태를 알릴 방법이 없다.

얽힘 연결이 전달할 수 있는 것은 입자에 결정된 고유 상태가 전부이기 때문에 이 얽힘 연결로 다른 신호를 보낼 방법은 없다. 얽힘을 통제할 방법도 없으므로 얽힌 입자들 사이에서 전달되는 메시지를 통제하는 것 또한 불가능하다.

화성 주민이 입자를 어떻게든 설득해서 업스핀 또는 다운스핀으로 결정하게 만들고, 닭 몇 마리를 이용해 이진법으로 정보를 암호화한 다음 해왕성 주민이 그 정보를 확인하는 방법도 있겠지만, 이것도 가능하지 않다.

측정을 제외하면 중첩 상태에 영향을 줄 방법이 없고, 측정을 하면 중첩이 붕괴되면서 본래의 목적을 상실한다. 얽힘을 통해 알아낼 수 있는 유일한 정보는 다른 과학자의 실험 결과이다. 빛보다 빠른 통신 수단은 없는 것 같다. 원격전송 빼고…….

나를 전송해줘

2017년 7월 4일, 중국 물리학자들이 수립한 세계신기록이 발표되었다. 역사상 가장 먼 거리를 원격전송한 기록이었다.[1] 이전 기록은 2012년 한 연구팀이 카나리아제도[2] 산지에서 143킬로미터 거리를 원격전송한 것으로, 이번 신기록은 그보다 10배 더 먼 거리였다.

판젠웨이潘建偉가 이끄는 중국 연구팀은 티베트에 있는 연구실에서 지표면 위 1,400킬로미터 지점의 궤도를 도는 인공위성 미쿠스Micus로 양자 원격전송을 실험했다. 이것은 지구에서 우주로 순식간에 이동하게 해줄 운송 수단으로, 내 안의 트레키Trekkie(미국 드라마 〈스타트렉Star Trek〉의 광팬을 부르는 말 - 옮긴이)를 흥분하게 한다.

양자 원격전송은 1993년 몬트리올대학교의 애셔 페레스Asher Peres, 윌리엄 우터스William Wootters, 찰스 베넷Charles Bennett이 최초로 발표했다.[3] 빛보다 빠른 입자의 이동은 특수상대성이론에 위배되지만, 입자 상태에 관한 정보는 얽힘을 매개로 그 문제를 몰래 피해서 이동할 수 있다.

다시 한번 앨리스와 밥을 떠올려보자. 인탱글러 장치를 이용해 앨리스와 밥을 얽힌 상태로 만든 뒤, 원격전송을 시험해보고 싶은 곳으로 보낸다. 앨리스는 지구에 있는 실험실에 두고 밥은 인공위성으로 보낸다. 여러분은 아직 앨리스와 밥에 포함된 개별 특성(그것이 두 입자를 얽히게 한다)을 전혀 모르지만 전체적인 상태는 알고 있다.

자, 이제 원격전송을 보내려는 제3의 입자를 소개하겠다. 이름은 캐시이다. 캐시의 상태는 이미 알려져 있으며 앨리스와 접촉시켜 이 둘을 중첩 상태로 얽히게 할 수 있다.

앨리스가 그 과정에서 뜻하지 않게 측정된다면 앨리스와 밥 사이의 얽힘 연결이 붕괴되기 때문에 주의해야 한다. CNOT 게이트와 아다마르 게이트Hadamard gate라는 장치를 사용해 주의를 기울이면 캐시는 고유 상태에서 벗어나 앨리스와 얽힐 수 있다.

여러분은 방 안에 앨리스가 있음을 알고 있으므로, 앨리스를 보지 않으면서 캐시가 들어갈 수 있도록 방문을 열어 잡아준다. 이제 앨리스와 캐시는 중첩되어 둘이 각각 지니고 있던 정보를 잃었지만, 캐시가 원래 지니고 있었던 정체성은 그 안 어딘가에 남아 앨리스와 공유된다.

앨리스와 밥 사이의 얽힌 상태를 깨지 않고 앨리스와 캐시를 얽히게 했으므로, 캐시의 정보는 지금 우주에 있는 밥과 공유한다. 슈뢰딩거도 의심 없이 받아들였을 세 입자의 얽힌 상태가 형성되었다.

지금까지 제대로 실험했다면 이제 여러분은 앨리스와 캐시를 측정해 그들이 지닌 정보 중에서 몇 가지를 확인할 수 있다. 하지만 모든 정보를 확인할 수 있는 것은 아니며 일부는 밥과 계속 얽혀 있다.

앨리스와 캐시의 머리카락 색은 밝히되 눈동자 색은 밝히지 않는 측정을 한다고 가정하자. 머리카락 색 정보는 붕괴되지만 눈동자 색 정보는 남아 있다. 이제 위성으로 무전을 보내면서 밥의 눈동자 색을 측정하라고 지시하면, 밥이 캐시의 눈동자 색을 지녔음을 확인하게 된다.

캐시 자신이 물리적으로 공간을 가로질러 전송되지는 않았지만, 캐시의 정체성 중 일부가 전송되었다. 마치 캐시의 모습을 벗겨서 하얀 캔버스인 밥에게 붙인 듯하다.

페레스와 우터스는 이 현상을 양자 원격성분채취quantum telepheresis라 부르고 싶었으나 베넷은 '원격전송teleportation'이 더 멋있게 들린다고 주장했다.[4] 베넷의 생각은 틀리지 않았다.

그런데 명확하게 밝혀야 할 한계점 몇 가지가 있다. 첫째, 캐시는 자신의 특성을 꽉 붙잡고 있다가 앨리스와 중첩된다. 이는 밥이 캐시가 될 수 없으며, 본래의 캐시는 유지된다는 것을 의미한다. 캐시의 특성을 전송하려면 캐시로부터 특성을 분리해야 한다. 이것이 '복제 불가능 원리no cloning principle'이며, 양자 정보는 전송할 수 있지만 복제할 수 없다고 말한다.

둘째, 맞은편에 측정 장치가 없어서 측정이 불가능하다면 정보를 전송할 수 없다. 먼저 앨리스와 캐시를 측정한 후에, 밥을 데리고 있는 사람에게 어떤 특성을 측정해야 하는지 알리는 신호를 규칙적으로 보내야 한다. 눈동자 색 정보가 전송된 시점에(우리는 정보 전달을 제어할 수 없다) 이미 붕괴된 밥의 머리카락 색을 측정하는 것은 아무런 의미가 없다.

실제 원격전송 과정에서는 눈동자 색이 아닌 스핀 상태나 에너지 같은 특성을 측정한다. 이러한 특성은 입자가 드러내는 자기 정체성이므로 어찌 보면 눈동자 색과 같다.

만약 원격전송을 여러 번 수행한다면, 이론적으로 입자의 모든 특성을 위성에 있는 다른 입자에 하나씩 전달할 수 있을 것이다. 그 결과 위성에 있는 입자가 지구에 있는 입자와 특성이 같아진다면, 여러분은 지구의 그 입자를 효과적으로 원격전송한 것이다.

양자역학으로 시간여행을 할 수 있을까?

시간여행 비슷한 것은 가능하다. 질문과 관련된 실험은 '지연된 선택에 의한 양자 지우개delayed choice quantum eraser'라고 불리며, 젊고 순진한 물리학자들의 마음을 더럽힌 죄로 호그와트 도서관의 금지된 책장에 꽂혀 있다.

얽힌 입자쌍을 만들어 그중 한 개(앨리스)를 다른 장소에 있는 스크린이 부착된 평범한 이중 슬릿 장치로 보낸다. 그리고 밥은 입자 검출기로 보내는데 검출기 전원을 켜면 밥의 파동함수는 붕괴되고, 켜지 않으면 중첩 상태로 남는다.

밥은 앨리스와 얽혀 있으므로 검출기에서 밥에게 일어나는 일은 이중 슬릿 장치에 있는 앨리스에게도 영향을 줄 것이다. 검출기를 켜면 밥의 파동함수가 무너지면서 앨리스에게도 같은 일이 발생하고, 앨리스는 고전적 입자로서 한 개의 슬릿을 통과할 것이다. 하지만 검출기를 켜지 않으면 밥은 파동함수로 존재하고, 앨리스 또한 파동함수가 붕괴되지 않은 상태로 이중 슬릿을 동시에 통과해 스크린에 부딪혀 얼룩말 무늬 일부를 형성할 것이다.

이 실험을 수백 번 반복하면 완벽한 짝을 이룰 것이다. 실험 횟수의 15퍼센트만큼 검출기를 켜면 앨리스 입자의 15퍼센트가 고전 입자로서 스크린에 충돌하고, 나머지 85퍼센트는 얼룩말 무늬를 그린다.

앨리스를 생성하고 있는 인탱글러(〈엑스맨X-Men〉에 나오는 무시무시한 악당 이름처럼 들리기 시작한다) 곁에 이중 슬릿 장치를 두면 앨리스는 슬릿 장치를 통과하는 동안 밥의 검출 여부에 따라 입자와 파동 중 하나의 상태가 될 것이다. 그런데 밥 검출기가 그곳으로부터 1킬로미터 밖에 있다면 어떨까?

앨리스가 이중 슬릿에 도착했을 때, 밥은 아직 검출기에 도착하지 못해서 검출기가 켜 있는지 확인하지 못했다. 밥이 측정되면 앨리스는 고전 입자로서 이중 슬릿을 통과해야 하지만, 밥이 측정되지 않으면 파동처럼 통과해야 한다. 그런데 밥의 상태는 아직 결정되지 않았고, 앨리스는 검출기가 켜져 있는지 알지 못한다. 앨리스는 어떻게 행동할까?

앨리스가 붕괴될지, 붕괴되지 않을지에 대한 선택이 슬릿을 통과하는 시점 이후로 지연되었기 때문에, 결과가 원인에 앞서 일어날 수밖에 없다. 이 실험 장치는 확실히 미쳤다! 이 장치는 1999년 물리학자 김윤호가 만들었으며, 여기서 앨리스는 매번 밥의 상태를 맞혔다.[5] 도대체 앨리스는 밥의 상태를 어떻게 알아맞힌 것일까?

실험자가 42퍼센트로 밥을 측정하도록 검출기를 설정하면, 앨리스 입자의 42퍼센트가 고전 입자로서 슬릿을 통과한다. 검출기가 89퍼센트로 밥을 측정하면, 앨리스도 89퍼센트가 입자로서 슬릿을 통과한다. 검출기를 켜는 횟수에 관계없이 앨리스는 언제나 올바르게 판단했다.

앨리스는 밥과의 얽힘 연결을 통해 미래를 내다보고 밥에게서 어떠한 메시지가 도착할지를 아는 것 같다. 얽힌 상태에서 정보는 순간이라 부르는 시간보다도 더 짧은 시간 동안 이동할 수 있다. 그렇다면 미래에서 과거로 메시지를 보내는 것은 가능할까?

인탱글러로 입자를 얽히게 만든 다음 앨리스를 관찰한다고 가정하자. 여러분은 밥이 24시간 넘게 달려야 검출기에 겨우 도착하는 긴 '통로'를 만든다. 그리고 과학자 한 명은 그 통로로 달려가 날씨에 따라 검출기를 켜거나 끄기로 한다. 맑은 날이면 켜기-끄기-켜기, 습한 날이면 끄기-켜기-끄기이다.

앨리스는 검출기를 켜고 끄는 패턴에 맞추어 스크린에 부딪히면서, 미래에 실험자가 밥 검출기의 전원을 어떤 순서로 조작할지 가르쳐준다. 우리는 시간에 역행해 성공적으로 메시지를 보냈다.

그런데 골치 아픈 함정이 하나 더 있다. 앨리스의 단일 입자만 관찰해서는 슬릿 두 개를 동시에 통과했는지, 슬릿 하나만 통과했는지 알 수 없다. 각 입자가 무작위로 스크린에 부딪힌 결과는 양자적 행동일 수도 있고 고전적 행동일 수도 있다. 앨리스와 밥 수천 쌍을 관찰하고 백분율을 비교해야만 얼룩말 무늬를 그리는 양자 효과를 관찰한다.

이는 시간여행 효과가 실험 종료 후에만 관찰되고, 실험 도중에는 관찰되지 않는다는 것을 의미한다. 우리는 실험마다 앨리스가 어떤 행동을 하는지에 관한 지식을 지워야만 양자 효과를 관찰할 수 있다. 그래서 이 실험의 명칭이 '지연된 선택에 의한 양자 지우개'이다.

비유를 들자면 이러한 현상들은 닫힌 상자…… 아니 닭 몸속에서 일어나는 중이며, 우리는 현상이 종결된 이후에 관찰할 수 있다. 솔직히 말해 양자역학은 우리를 희롱하고 괴롭히는 악당이다.

세상은 이치에 맞지 않는다

코펜하겐 해석은 양자역학의 효과가 '하이젠베르크 컷Heisenberg cut'이라 부르는 경계선까지 지배하고, 경계선 밖은 고전물리학이 양자역학을 대신한다고 말한다. 하이젠베르크 컷에 포함되는 물질보다 더 작은 물질은 슈뢰딩거의 방정식을, 더 큰 물질은 뉴턴 방정식을 따른다. 물리학은 이러한 상황을 가리켜 '우리는 무슨 일이 일어나고 있는지 전혀 모른다'라고 말한다.

문제는 얽힘 때문에 하이젠베르크 컷이 실제로 존재할 수 없다는 것이다. 양자역학을 하나의 입자에 적용하기 시작하면, 두 개, 세 개, 네 개 혹은 여러분이 원하는 만큼 입자 수를 늘려서도 쉽게 적용할 수 있다. 입자는 아무리 많아도 얽힘을 통해 결합할 수 있으므로, 사람 한 명, 전 인류, 지구 전체도 슈뢰딩거 파동함수로 기술할 수 있다.

우리는 언제나 양자의 광기를 보고 있는 것 같지만, 사실은 그렇지 않다. 이 문제는 6장에서 언급했던 다섯 가지 질문 가운데 하나이며 실제 최근 몇 년 동안 상당한 발전이 있었던 분야이기도 하다.

얽힌 입자 중에서 한 입자의 스핀 상태가 업스핀으로 측정되었다고 가정하자. 함께 얽혀 있던 상대 입자는 즉시 다운스핀으로 결정된다. 이제 두 입자는 얽혀 있지 않다. 같은 파동함수의 지배를 받지 않는 두 입자는 얽힘이 깨진 상태이며, 서로 독립된 고유 상태로 기술된다.

이번에는 측정 행위 자체를 따져보자. 측정되는 도중에 입자가 검출기를 구성하는 입자와 얽히면, 이전에 얽혀 있던 상대 입자와의 연결은 끊어지게 된다.

얽힌 두 입자 중 하나를 측정하는 행위는 기존의 얽힘을 다른 얽힘으로 교환하는 것이다. 이는 어떤 대상을 측정하는 행위가 궁극적으로 그 대상과 얽히는 것과 같음을 의미한다. 측정 대상이 단일 입자인 경우도 마찬가지다.

단일 입자가 측정 전에 업·다운스핀의 중첩 상태에 있다면, 그 입자는 실질적으로 자기 자신과 얽힌 상태다. 가능한 두 가지 측정 결과는 같은 파동함수로 연결되어 있으며, 측정하면 입자 자신끼리 얽힌 상태가 깨지게 된다.

슈뢰딩거 고양이는 살았다/죽었다

여러분은 동전을 던지면 앞면 또는 뒷면, 두 가지 결과가 나온다고 생각한다. 그런데 제3의 결과가 나올 가능성도 있다. 동전이 앞면과 뒷면의 중간인 옆면으로 빙글빙글 돌다가 멈추는 것이다.

옆면으로 도는 동전 쪽으로 손가락을 뻗어 천천히 갖다 댄다고 상상해보자. 동전을 건드는 순간 어느 쪽으로든 쓰러지면서 위태로운 회전이 끝난다. 동전은 가능한 두 가지 상태를 지닌 입자, 회전은 중첩, 손가락은 파동함수를 붕괴시키는 측정 장치를 의미한다.

이 비유는 코펜하겐 해석을 잘 나타낸다. 결함 하나만 제외하면. 동전을 만지는 손가락은 새로운 종류의 물체가 아니다. 그것은 입자로 이루어진 검출기로, 동전과 동일한 양자 법칙에 묶여 있다. 그러므로 손가락을 대신해, 탁자 위에서 옆면으로 회전하는 그 흥미로운 동전을 향해 다가가서 검출기처럼 작동할 새로운 동전을 떠올려보자. 검출기와 입자 역할을 하는 동전들은 모두 중첩 상태에 있으며, 서로 충돌하면 고유 상태로 붕괴한다.

그런데 회전 속력만 잘 맞추면, 이론적으로 두 동전은 서로 맞물려 회전하는 댄스 파트너처럼 얽혀 있는 한 쌍이 되며 결합된 중첩 상태에 놓일 수 있다. 실제 동전에는 이러한 현상이 자주 발생하지 않지만, 파동함수가 정렬된 입자에는 쉽게 일어난다.

그런데 동전 100개가 다 함께 빙글빙글 회전하면서 하나의 거대한 얽힘 상태를 이루게 하는 것이 얼마나 어려울지 상상해보라. 그러한 일이 성사되었다 해도 얽힘은 아주 쉽게 깨질 것이다. 동전 100개 중에 질 나쁜 동전이 하나 섞여 있거나 외부에 있던 동전이 무리 속으로 들어간다면 전부 붕괴될 수 있다. 그러므로 상호 작용하는 입자가 많을수록 그들을 중첩시키기는 어렵다.

시스템이 갑자기 고전물리학의 지배를 받게 되는 입자의 수는 정해져 있지 않다. 고전적인 물체에는 너무 많은 입자가 포함되어 있기에, 그 모든 입자를 같은 위상으로 만들 가능성이 거의 없을 뿐이다. 고전적 세계가 존재하는 이유는 중첩 상태가 불안정하기 때문이지만, 그렇다고 해서 거대한 물체를 중첩 상태로 만들 수 없다고 주장할 근거는 없다.

고양이 한 마리 안에 수조 개의 입자가 있는데 여러분이 그 입자들을 완벽하게 동기화시켜 서로 얽히게 만든다면 중첩은 고양이 전체에 적용된다. 하지만 고양이의 몸에 충돌하는 공기 입자가 중첩을 전부 깨뜨리기 때문에 그러한 상태를 관찰하기는 쉽지 않을 것이다.

슈뢰딩거는 고양이가 죽어 있으면서 살아 있는 상황이 비유적으로도 불가능하므로 발생하지 않는다고 주장했다. 그의 말은 옳긴 했지만 이유가 틀렸다. 상자 안의 방사성 입자는 중첩될 수 있으나, 그보다 큰 물체와 얽히는 순간 중첩 상태를 유지하기가 점점 어려워진다.

어떻게 해서든 고양이 몸속 입자들을 전부 완벽하게 정렬시켜서 얽히게 만든다 해도, 죽어 있으며 살아 있는 두 상태의 중첩은 상자 입자와 상호 작용하는 순간 사라질 것이다. 고양이를 죽어 있으며 살아 있는 중첩 상태로 유지할 유일한 방법은 고양이를 주위로부터 격리하는 것이다. 이것이 물리학자 애런 오코넬Aaron O'Connell이 2014년 8월에 한 일이다.

거대 양자

오코넬의 실험에서 '고양이'는 다이빙 보드 모양의 금속 조각이었는데, 폭이 6만 분의 1미터로 대략 사람 머리카락 두께였다. 그는 미니어처 수영장 위에 설치한 보드를 상자에 담아 절대 영도보다 불과 몇 도 높은 온도까지 냉각시켜서 내부 입자들이 상호 작용하는 것을 완벽하게 막았다. 물질의 무작위 진동이 모든 파동함수를 붕괴시키지만, 전체 입자 온도가 낮으면 물체는 하나의 큰 입자처럼 거동한다.

그러고 나서 오코넬은 다이빙 보드를 박스 밖 회로와 연결하고 흐르는 전류량을 측정하여 상자를 직접 열지 않고도 보드가 어떻게 거동하는지 감지했다. 일단 상자의 온도를 낮추고, 연결한 기계를 켜서 모든 공기를 제거해 얽힘이 생기지 않도록 했다. 그러자 양자 마법이 뒤따랐다.

다이빙 보드는 부드러운 동시에 격렬하게 진동하기 시작했다.

입자들은 많이 움직이는 동시에 조금씩 움직였다. 이는 수십억분의 1초마다 원자들이 평형점 근처의 두 지점에 동시에 존재하다가 이동하면서 멀어진다는 의미이다. 오코넬은 세계 최초로 양자 장치를 만들었다.

2018년 마이클 배너Michael Vanner는 그보다 큰 양자 장치인 '두드리는 동시에 두드리지 않는 양자 북'을 개발했다. 광자의 이동 경로에 1.7밀리미터의 막(대략 모래 알갱이 지름)을 두고, 광자에 막을 두드리거나 두드리지 않는 선택권을 주었다. 중첩 상태에서는 두 가지 선택이 모두 발생한다. 광자가 막을 두드려서 드럼이 운동량을 흡수하면 진동하고 광자가 다른 이동 경로를 선택하면 드럼을 두드리지 않는다.

인간 눈으로 보기에 양자 북의 진동은 너무 약하다. 실제로 드럼을 두드리는 광자는 초당 몇 개뿐이다. 하지만 배너의 민감한 장치는 두 경로를 따르는 광자를 감지하여 드럼이 진동하거나 진동하지 않는 것을 측정할 수 있었다. 이 장치는 상온에서도 작동한다는 점에서 더욱 주목할만하다.

관측된 양자 현상 중 가장 규모가 큰 현상은 그 전년도에 우연히 일어났다. 2017년 데이비드 리드지David Lidzey가 이끄는 연구팀은 거울이 장착된 상자 안에서 클로로바쿨룸 테피덤Chlorobaculum tepidum 박테리아 표본에 레이저를 쏘는 실험을 진행했다. 광합성 세포 내 전자에 영향을 주려는 목적이었다.

당시 연구팀은 미처 깨닫지 못했으나, 이듬해에 키아라 말레토 Chiara Marletto[6]로부터 레이저 광선을 이루는 광자가 박테리아 전자와 얽혀 중첩되었다는 지적을 받았다. 이 중첩은 상자 안에 빛이 넘쳐나고 박테리아와 상호 작용할 수 있는 다른 존재가 없었기 때문에 가능했으며, 박테리아와 레이저의 얽힘 연결이 충분히 긴 시간 동안 유지된다는 사실을 알려주었다. 양자 현상은 분명 생물에도 적용될 수 있다.

우리는 물리학 역사상 정말 놀라운 시기를 살아가고 있으며, 머지않아 듣지도 보지도 못한 일들이 일어날 것이다. 양자역학은 마블 영화의 앤트맨이 사는 미시 세계에만 국한되어 있다고 늘 가정해왔다. 하지만 지난 몇 년 동안 우리는 양자 법칙을 일상적인 거시 세계 속 물체에도 적용하기 시작했다. 거대 양자 시대가 도래했다.

10장

양자역학으로 내가 배트맨임을 입증하다

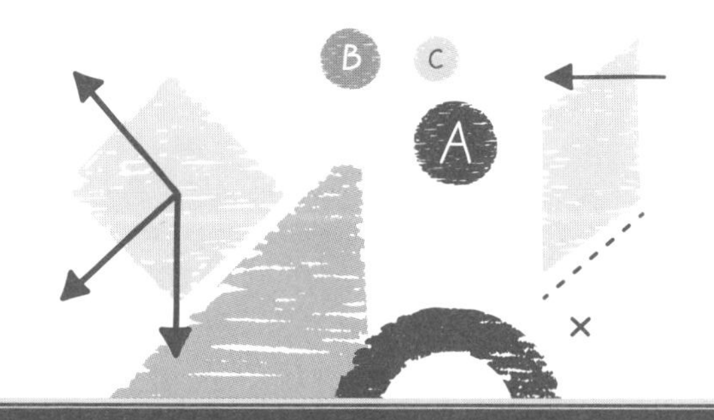

슈뢰딩거 고양이를 몰아낼 방법

양자역학을 이해하려고 고민하면서 늘 던지게 되는 질문은, '그냥 일어나는 일'이라며 아무렇지 않게 넘기는 코펜하겐 해석보다 더 나은 해석이 있는가다.

물리학 교과서 대부분은 코펜하겐 해석을 가르친다. 보어는 학계의 거물이었고, 수십 년 동안 보어의 해석이 유일했기 때문이다. 하지만 오늘날에는 코펜하겐 해석이 더는 유일하지 않다.

고전 개념들을 언젠가 버려야 하는 것은 분명하지만, 모든 양자역학 해석에는 이해할 수 없는 부분이 여전히 남아 있다. 과거 코펜하겐 해석이 성역이었던 시기가 지나자 그것을 대체하기 위한 접근법들은 스칸디나비아식 상차림처럼 다양하게 개발되었다.

어떠한 양자역학 해석을 이 책에 실어야 할지, 실제로 어떤 해석이 도서관 책장을 채우는지 판단하기 어렵다. 나는 일단 직감에 따라 SF 애호가들이 고안한 세 가지 양자적 관점을 선택하고, 그에 대해 논하면서 과거 물리학계 거장들이 남긴 업적을 폭넓게 확장하려 한다.

전에 내가 한 말은 잊어버려

1927년 루이 드브로이는 브뤼셀에서 열린 제5차 솔베이 회의에서 강연했다. 솔베이 회의는 1860년대 탄산나트륨(유리 제조에 필요한 핵심 성분)의 대량생산 공법을 개발해 수백만 달러를 벌어들인 벨기에 기업가 에르네스트 솔베이Ernest Solvay가 조직한 물리학 모임이었다.

솔베이에게는 자기 손으로 과학자들을 위한 모임을 조직하겠다는 꿈이 있었다. 세계에서 가장 똑똑한 사람들을 한 달간 한자리에 모아놓고 학계의 거대한 화두를 던지게 한다. 강의와 토론을 진행하고도 결론이 나지 않으면 학자들은 진검승부를 펼칠 것이다.

1911년 첫 회의 주제는 플랑크와 아인슈타인의 양자론이었다. 1913년 두 번째 회의는 물질의 구조, 1921년 세 번째 회의는 원자와 빛, 1924년 네 번째 회의는 전기가 주제였으며, 1927년 다섯 번째 회의에서는 코펜하겐 해석이 영원히 양자 세계에 군림해야 하는가를 다루었다. 이 전설적인 회의에 슈뢰딩거, 하이젠베르크, 조머펠트, 드브로이, 보어, 보른, 플랑크, 퀴리, 아인슈타인 등 많은 과학자가 참석했다.

참석한 모든 과학자가 회의장 밖 의자에 앉아서 찍은 상징적인 사진이 남아 있는데, 똑똑하지만 세상 물정 모르는 학생들의 졸업 앨범 사진 같다. 마리 퀴리Marie Curie는 유일한 여성, 슈뢰딩거는 나비넥타이를 맨 유일한 남성이고, 화학자 피터 디바이Peter Debye는 찰리 채플린 콧수염을 뽐내는 유일한 남성으로 유행에 10년은 뒤처진 스타일이다.

나긋나긋한 말씨에 상냥한 드브로이는 이 회의에서 코펜하겐 해석을 대체할만한 실용적인 방안을 제시했다. 그는 자신이 제안한 '파동-입자 이중성'은 잘못된 판단이며, 사실 전자와 광자는 입자라고 생각했다. 그리고 전자와 광자에 파동 특성은 없으나, 그 대신 파동성을 지닌 어떠한 배경 물질에 둘러싸여 있다고 추정했다. 입자가 눈에 보이지 않는 '길잡이 파동guide wave'에 이리저리 떠밀려 다니는 까닭에, 파도와 같은 궤적으로 움직이는 듯 보인다는 것이다.

볼프강 파울리는 참석한 강연이 만족스럽지 않으면 강연 진행을 방해하는 무례한 사내로 유명했는데, 드브로이가 아이디어를 요약해 발표하는 자리에서 크게 야유를 보냈다. 파울리도 나름대로 뛰어난 물리학자였지만(그는 지난 두 장에 걸쳐 설명한 얽힘 이론을 발전시켰다) 타인에게 위협적인 존재였던 반면에 드브로이는 본래 성격이 좋은 사람이었다.

드브로이는 자신의 가설에 결함이 있다는 것을 인정하면서 파울리가 말을 가로막아도 품위 있게 받아들였다. 하지만 강의가 끝난 후 청중이 드브로이의 대답보다 파울리의 질문에 더 관심을 보인 탓에 길잡이 파동 아이디어는 잊히고 말았다.

그 후 1952년이 되자, 소년 시절 SF 잡지를 읽으며 과학에 대한 애정을 발견하고[1] 제2차 세계대전 당시 맨해튼 프로젝트에 참여했던 핵물리학자 데이비드 봄David Bohm이 길잡이 파동을 수면 위로 끌어올렸다.

봄은 오랫동안 코펜하겐 해석을 지지했으나 아인슈타인에게 회유된 뒤에는 코펜하겐 해석에 비약이 지나치다고 느끼기 시작했다. 이후 드브로이의 길잡이 파동 이론으로 노선을 바꿨다.

길잡이 파동에는 그 가설을 뒷받침하는 그럴듯한 실험 증거들이 있는 것 같았다. 토머스 영의 실험처럼 이중 슬릿을 향해 수면파water wave를 보내면 간섭무늬가 나타나는데, 수면파 표면에 기름방울처럼 아주 작은 물체를 올려두면 그 물체는 폭풍우를 헤치며 항해하는 보트처럼 물결을 타고 맞은편의 얼룩말 무늬를 향해 간다. 기름방울은 입자이고, 기름방울의 최종 목적지는 길잡이 파동이 결정한다.

그런데 봄이 직면한 문제가 있었다. 수면파 실험과 같은 조건에서 전자는 매번 같은 경로를 지나야 하지만 실제 양자 실험에서는 전자가 얼룩말 무늬 중 어느 지점에서도 무작위로 나타날 수 있다는 것이다. 이를 극복하기 위해 봄은 전자가 방출기에서 출발하는 순간 그 안에 숨겨진 변수, 즉 우리가 감지할 수 없는 에너지와 운동량의 미세한 변화가 있는 탓에 이중 슬릿 실험을 할 때마다 전자가 다른 경로로 이동한다고 설명했다.

양자역학에 대한 봄의 관점을 수학적으로 논하기는 한층 더 복잡하다. 길잡이 파동값(양자 전위라 부름)에 대해 설명해야 하고, 그러려면 슈뢰딩거 방정식뿐 아니라 더 많은 방정식을 동원해야 하기 때문이다. 그럼에도 봄의 관점에는 무엇이 입자 특성을 결정하는지 설명한다는 긍정적 측면이 있다. 위치나 스핀 특성은 입자가 아닌 길잡이 파동에서 나온다. 길잡이 파동에 특성이 있기에 입자에는 특성이 없는 듯 보이는 것이며, 실제로도 입자는 특성을 지니지 않는다.

봄, 스윗 봄

드브로이-봄의 관점에서 양자적 거동은 무작위로 발생하지 않고, 이중 슬릿 실험 결과는 고전물리학으로 해석할 수 있다. 물리학자 이브 쿠더Yves Couder는 2010년 그들의 길잡이 파동을 실험으로 명확하게 구현했다고 발표했다.

쿠더는 물탱크 속 수면에 미세한 기름방울을 올려 이중 슬릿 실험을 진행하면서 그 기름방울들이 어떻게 움직였는지 살펴보았다. 기름방울은 입자, 물결은 길잡이 파동이었다.

이브 쿠더는 광자와 전자가 그랬듯이, 기름방울도 물결을 타고 다니다가 맞은편 끝에서 모여 덩어리를 이룬다고 보고했다.[2] 입자가 고전 물체처럼 특정 위치를 차지하며 길잡이 파동을 타고 이동하는 것은 가능한 현상일까?

쿠더의 실험 결과는 흥미진진했고 마침내 코펜하겐 해석을 왕좌에서 내려오게 하는 듯했지만, 실험 결과가 너무 잘 들어맞는 나머지 사실일 수 없었다. 물리학자 존 부시John Bush와 연구자로서 더할 나위 없이 충분한 자격을 지닌 닐스 보어의 손자 토마스 보어Tomas Bohr의 후속 연구는 쿠더의 실험 결과를 재현하는 것에 실패했고,[3] 두 과학자는 쿠더가 실험을 설계하면서 명백한 실수를 몇 가지 저질렀다고 결론지었다.

실제 파동에 실제 입자를 올려두고 이중 슬릿 실험을 재현하면 고전물리학적 결과가 나오며 얼룩말 무늬는 그려지지 않는다. 길잡이 파동이 비고전적으로 거동하는 특별한 종류의 파동이 아니라면, 봄이 제안하는 역학을 토대로 이중 슬릿 실험 결과를 설명할 수 없다. 물론 봄의 제안은 답이 될 수도 있겠지만, 양자역학의 기이함을 입자에서 툭 떼어내 우리 눈에 전혀 보이지 않는 길잡이 파동에 붙였을 뿐이다.

악수

다음으로 살펴볼 거래 해석transactional interpretation은 코펜하겐 해석을 깔아뭉개고 상식을 향해 가운뎃손가락을 치켜세우지만, 내용이 상당히 흥미로워서 한번 살펴볼 가치가 있다.

여기서 소개하는 내용은 리처드 파인먼의 독창적인 아이디어인데, 그는 양자 수준의 물리학이 시간순으로 작동하는 동시에 시간의 역순으로도 작동한다고 주장했다. 왼쪽으로 이동하는 입자는 오른쪽으로 이동하는 입자의 역방향으로 움직이는 것이며, 두 과정은 모두 똑같이 허용된다. 입자에는 시간이 흘러가는 방향에 대한 선호도가 없다. 광자를 방출하는 전자의 정반대는 광자를 흡수하는 전자로 볼 수 있다. 그리고 둘 다 실제로 일어나는 사건이다.

50년 후 물리학 교수이자 SF 소설 작가인 존 크레이머John Cramer는 파인먼의 아이디어를 받아들이며 앞으로 한발 나아갔다. 그리고 내 생각에는, 뒤로도 한발 나아갔다.

입자 거동은 파동함수로 설명되는데, 답을 얻으려면 파동함수의 해를 제곱해야 한다. 여기서 크레이머는 파동함수의 해가 두 개인 이유에 대해 고민했다. 파동방정식의 해가 본래 둘이어서 우리가 두 개의 해를 도출해야 하는 것이라면, 두 개의 답 중 하나는 시간에 역행하여 움직이고 있기 때문에 시간에 순행하는 다른 하나의 답만 우리에게 관찰되는 것인지 궁금했다.

우리가 이중 슬릿을 향해 한 입자를 보낸다고 가정하자. 그 입자의 정상 파동함수(어떤 문헌에서는 애석하게도 '뒤처진 파동'이라고 부른다)는 자신이 선택 가능한 길을 살펴보면서 시간 흐름에 따라 앞으로 나아간다. 그런데 같은 시간에 이미 검출기 스크린에 도착한 입자들은 미래로부터 우리 입자를 향해 역파동함수('선행 파동'이라고도 부른다)를 보낸다. 미래의 어느 입자가 시간을 거슬러 강력한 신호를 보내면 우리 입자는 그 신호와 상호 작용한다.

이런 상황을 두고 크레이머는 입자가 제안 신호를 보내면 검출기가 수락 신호를 보내는 일종의 비즈니스 교환을 상상한다. 슬릿에 접근하는 입자와 검출기에 도착한 입자는 파동함수를 동기화하면서 과거, 현재 그리고 미래를 얽히게 하는데, 크레이머는 이것을 '양자 악수quantum handshake'라고 불렀다.

지연된 선택에 의한 양자 지우개 실험, 앨리스가 밥이 무엇을 할지 알고 있는 그 이상한 실험이 갑자기 설명하기 쉬워진다. 입자는 미래로부터 메시지를 받으므로 자신이 미래에 검출될지, 그렇지 않을지 알 수 있다.

크레이머는 흥미롭게도 자신의 해석이 인간의 자유의지를 없애는 것은 아니라고 말한다.[4] 그러면서 슈퍼마켓에서 물건을 구입할 때 직불카드로 결제하는 것과 유사하다는 비유를 든다. 직불카드는 제안 파동, 은행은 수락 파동이며 여러분은 무엇을 구입할지 결정한다.

그런데 여러분이 아몬드 우유를 사겠다고 생각했을 때, 실제로는 미래의 아몬드로부터 해야 할 일을 알리는 신호를 받고 있다고 반박할 수 있다. 어쩌면 여러분이 내리는 모든 결정은 미래에 일어난 사건이 현재의 선택을 내리게끔 여러분을 인도한 결과일 것이다. 여러분은 자기 의지로 이 책을 사겠다고 결정한 것일까, 아니면 이번 장에서 내가 여러분에게 보낸 신호를 받은 걸까? 우우우오오오오우우우오오오(유령이 보내는 음산한 신호).

영원히 사랑할 거예휴Hugh

데이비드 봄이 길잡이 파장 이론을 발표했던 해에, 에르빈 슈뢰딩거는 더블린에서 개최된 강연 도중 그가 코펜하겐 해석을 받아들이지 않는 이유를 밝혔다. "정신 나간 소리처럼 들릴지 모르겠지만, 내 방정식은 측정 도중 입자가 자기 특성을 정하는 상황을 설명하려는 것이 아닙니다."[5]

알려져 있듯이, 중첩 상태의 입자에는 특성들이 짝을 이뤄 맴돌고 있다. 그런데 입자를 측정하는 순간 그들 중 하나가 붕괴된다는 개념은 어디에서 왔을까? 슈뢰딩거 방정식에는 그런 내용이 담겨 있지 않다. 실제 (언제나 작동하는 듯 보이는) 그 방정식을 문자 그대로 받아들인다면, 측정 도중 어찌 된 일인지 두 특성 중 하나를 관찰할 수 없게 되어도 측정 결과는 둘 다 여전히 남아 있다.

슈뢰딩거 방정식은 시간에 따라 점진적으로 상태가 변화하는 과정을 표현하는 부드러운 연속함수다. 그런데 보어의 주장에 따르면 입자가 측정 장치와 상호 작용할 때 우리는 갑자기 물리적 관점을 전환하면서 슈뢰딩거 방정식 대신 딱딱한 입자 방정식을 가져다 쓰기 시작한다. 왜 그러는 걸까?

우리가 슈뢰딩거 방정식을 신뢰한다면 그러한 일은 발생하지 않는다. 슈뢰딩거 방정식으로 도출한 모든 결과가 구현되며 파동함수의 '붕괴' 같은 현상은 일어나지 않는다. 가령 전자가 업스핀으로 측정된다면, 다운스핀도 어딘가에 분명히 존재한다. 우리는 그 결과가 어디에 숨어 있는지 찾아야 한다. 이제 휴 에버렛 3세Hugh Everett III

를 만나자.

줄담배를 피우고 SF 소설에 푹 빠져 살았던 에버렛은 화학 학사와 수학 석사학위를 받은 뒤, 물리학으로 박사학위를 취득하며 자연과학 분야 그랜드 슬램을 달성했다. 존 아치볼드 휠러John Archibald Wheeler의 제자였던 에버렛은 확률이 개입하지 않는 새로운 양자역학 체계를 고안하는 과제를 맡았다.

코펜하겐 그룹이 무작위성에 매료되어 있을 당시 반격을 노리고 있었던 휠러는 가장 똑똑한 제자 에버렛에게 도전 과제를 줬고, 그 결과는 스승의 기대에 어긋나지 않았다. 에버렛이 도출한 답은 확률뿐 아니라 측정 문제까지 해결했다.

실험에서 입자가 측정되는 순간 모든 가능한 결과가 실현된다. 실험 노트에는 우리가 관찰한 결과만 기록되지만, 다른 가능한 결과들도 마찬가지로 남아 있다. 다만 다른 결과는 다른 우주에 존재한다.

에버렛은 중첩이 양자역학에서 가장 큰 골칫거리라고 판단하고, 특성이 아닌 현실이 중첩되어 있다는 개념을 도입하여 그 골칫거리를 해결했다. 입자에 선택권이 주어질 때 우주는 여러 갈래로 나뉘고, 각 선택은 갈라진 우주마다 존재하는 그 입자에서 평행하게 실현된다.

중첩은 모순된 방식으로 존재하는 입자가 아니라, 기름종이에 그려진 그림처럼 위아래로 서로 포개져 있는 우주들의 묶음이었다.

입자가 계에 강하게 얽혀 있지 않다면, 양자 실험이 일어나는 모든 우주는 포개진 상태로 남을 것이다. 그러나 (가령 검출기 스크린에 의해서) 얽힘이 일어나면 그 즉시 우주는 여러 갈래로 나뉘면서 독립된 현실이 된다.

어떤 우주의 입자는 왼쪽 슬릿을, 다른 우주의 입자는 오른쪽 슬릿을 통과한다고 치자. 공중에서 두 입자가 슬릿을 통과한 결과는 뒤섞여서 간섭무늬를 형성하지만, 검출기 스크린에 도달하면 입자들은 존재하는 각 우주 속 스크린의 서로 다른 위치에 충돌한다.

카메라로 슬릿을 촬영하면 여러분은 입자가 통과한 슬릿이 어느 쪽인지가 아니라 자신이 존재하는 우주가 어디인지를 알게 된다. 만약 촬영한 입자가 왼쪽 슬릿을 통과한다면, 평행우주 속의 다른 나는 오른쪽 슬릿을 지나는 입자를 촬영할 것이다. '다세계 해석 many worlds interpretation'으로 알려진 에버렛의 관점에서는 확률과 측정 문제를 다룰 필요가 없다. 단지 우리가 보고 있는 장면이 우주라는 거대한 케이크에서 잘라낸 하나의 조각임을 받아들이기만 하면 된다.

평행우주들 가운데 40퍼센트가 간섭무늬의 정중앙 줄에 충돌점을 남기는 입자를 포함한다고 상상해보자. 논리적으로 따져보면 여러분이 존재하는 우주에 그런 입자가 있을 확률이 40퍼센트이지만, 실험 초반에는 자신이 어느 우주에 있는지 정확하게 알지 못한다. 확신할 수 있는 것은 입자가 날아와 스크린 가운데에 부딪힐 확률이 40퍼센트라는 것뿐이다.

전자는 나아갈 방향을 무작위로 정하지 않는다. 평행전자들이 동시에 사방으로 움직이는 상황에서 우리는 전자가 내린 선택 중 단 하나만 관찰하기 때문에 예측 불가능한 결과인 것처럼 느껴진다. 이것이 코펜하겐 해석보다 훨씬 우아한 이유인데, 다세계 해석 관점에서 우리는 예측한 결과 대부분을 이유 없이 삭제할 필요가 없다. 다른 예측 결과들도 현실의 다른 면에서 일어나고 있다고 간단하게 인정하면 된다.

마침내 살아난 고양이

좋은 소식이다! 여러분의 고양이가 죽음과 삶이 중첩된 상태에 놓여 있다는 말은, 고양이가 실제로 평행우주에서 죽었거나 살아 있다는 의미이다. 상자를 열자 청산가리에 녹아버린 고양이가 발견되더라도, 다른 평행우주의 여러분은 살아 있는 고양이가 잘 지내는 모습을 확인하고 있으니 슬퍼하지 않아도 된다.

'다세계 해석'은 특수상대성이론과 별다른 문제 없이 공존하는 동시에 EPR 역설도 설명한다. 아인슈타인이 믿었던 대로 태양계 양쪽 끝으로 보낸 얽힌 두 입자의 특성은 미리 정해져 있지만, 상반된 결과가 관측되는 두 개의 우주가 존재한다.

어떤 우주에서는 앨리스가 업스핀이고 밥이 다운스핀이지만, 다른 우주에서는 앨리스가 다운스핀이고 밥이 업스핀이다. 측정하기 전 우리는 어느 우주가 어떤 상태인지 알지 못하여 측정 결과를 무작위로 예상하는데, 이는 우주들이 아직 분리되지 않았기 때문이다. 측정을 통해 앨리스가 업스핀인 우주에 우리가 있음을 확인하면 두 우주는 분리되고, 앨리스가 다운스핀이며 밥이 업스핀인 우주는 다중우주 어딘가로 떠내려간다.

우주가 분리되는 방식을 아는 사람은 없지만, 입자에 해야 할 행동에 관한 선택권이 주어질 때마다 우주는 분리되는 것 같다. 에버렛에 따르면 측정은 문제가 아닌 선택이다.

여러분이 앉아서 책을 읽고 있는 지금, 여러분 몸을 구성하는 입자는 핵을 중심으로 어떻게 진동할 것인지에 관한 선택권을 얻었다. 어떤 우주에서는 오른쪽, 다른 우주에서는 왼쪽을 선택한다. 지금 우주에 얼마나 많은 입자가 있는지, 얼마나 오랫동안 그 입자들이 존재해왔는지를 생각하면 그간 입자에 주어진 선택이 실현된 횟수는 셀 수 없을 정도로 많아서 각각에 이름을 붙이는 것조차 불가능하다.

10억 분의 1초마다 여러분의 몸은 가만히 있어도 결이 어긋나고 서로 분리되며 무수한 우주를 만들어낸다. 평행현실의 수는 상상할 수 없을 정도로 많기 때문에 얼마나 많이 존재하는지 계산해보려는 사람은 여태껏 아무도 없었다. 다음은 이 책의 하이라이트이니 주목하도록.

가장 중요한 이야기

지난 수년간 리처드 파인먼, 스티븐 호킹과 같은 유명 인사들이 에버렛의 다세계 해석을 지지한다고 밝혔지만,[6] 처음 그 아이디어가 공개된 당시 에버렛은 비웃음을 당했고 국방부에서 계속 일하기 위해 모든 연구를 포기하기로 결정했다.

에버렛은 사후에 자신의 유골을 쓰레기통에 버려달라고 요구했다. 성격이 극단적으로 냉정한 데다[7] 이 우주에서 죽더라도 수많은 다른 우주에 여전히 살아 있기 때문이었다.

모든 경로가 하나 이상의 현실에서 선택되고, 다양한 생각과 사건들이 저마다 다른 세계에서 실현되므로 모든 평행우주에는 고유의 역사가 축적된다. 여러분이 상상할 수 있는 모든 일은 아마도 다른 우주 어딘가에서 일어났을 것이다.

물론 물리학 법칙은 여전히 진실로 남을 것이다. 사람 피부가 구름으로 만들어지고, 개구리가 휘파람을 불면 빛이 뿜어져 나오는 우주는 없을 것이다. 여러분이 그 기본적인 법칙을 인정한다면, 발생 가능한 모든 사건은 적어도 우주 어딘가에서 일어나고 있다.

미국이 독립 전쟁에서 승리하지 못한 우주가 있다. 베를린 장벽이 아직 서 있는 우주가 있다. 오스몬즈Osmonds가 〈크레이지 호스Crazy Horses〉를 발표한 뒤에도 록 음악을 고수하며 달콤한 사랑 노래를 부르지 않는 우주가 있다. 그리고 무엇보다도 중요한 것은 여기서 멀리 떨어져 있는 다중현실 속에 나, 팀 제임스가 배트맨인 우주가 있다.

결정, 결정

논쟁이 격렬하다. 글을 쓰는 현재, 양자역학에 대한 하나의 해석이 다른 해석보다 우월함을 입증한 실험은 없으므로 어느 해석도 스스로 완벽하다고 주장할 수 없다.

코펜하겐 해석은 20세기 대부분에 걸쳐 가장 매력적인 주제였고 여전히 인기가 많다. 그러나 앞으로 추가해야 할 사항이 많이 남아 있고, 믿음만으로 받아들여야 하는 내용도 있는 탓에 정말 짜증 나는 주제이기도 하다.

드브로이-봄 해석은 수학적으로 가장 복잡한 데다 숨겨진 변수와 길잡이 파동을 받아들이라고 강요하지만, 그 내용이 사실이라면 측정 문제를 고전적인 방식으로 설명해주므로 계속 간직할 충분한 가치가 있다.

거래 해석은 슈뢰딩거 방정식이 하나가 아닌 두 개의 파동함수를 필요로 하는 이유를 설명하는 유일한 방법이므로 여러 해석 중에서도 독특하지만, 내가 배트맨인 우주를 예측하지 않았다는 이유 하나만으로 우리는 거래 해석을 거부해야 한다.

다세계 해석은 방정식에 새로운 것을 추가하라고 요구하지 않기에(다중우주 개념만 새롭게 등장함) 단연코 가장 우아한 해석이다. 그런데 모든 존재가 평행한 우주로 끊임없이 분열될 수 있다는 생각은 너무 지나친 것이 아닐까?

어떠한 해석이 사실인지 판정을 내리는 것은 아직 불가능하다. 모든 가설은 동등하고 타당하기에 무엇을 지지하는가는 선호의 문제일 뿐이다. 그리고 우리가 그러한 해석을 받아들여서는 안 된다는 법도 없다.

2013년 물리학자 막시밀리안 슐로스하우어Maximilian Schlosshauer는 양자물리학자 33명에게 어떤 해석을 선호하는지 물었다.[8] 14명은 코펜하겐 해석, 6명은 다세계 해석을 골랐다(적어도 이 우주에서는 이 같은 선호도를 보이지만, 다른 우주에서의 결과는 다르다). 거래 해석이나 드브로이-봄 해석을 선택한 물리학자는 없었으며, 나머지 사람들은 여기서 다루지 않은 해석을 선택했다.

네 명은 아무런 답을 주지 않았는데, 아마도 그들이 과학자 집단에서 가장 순수한 사람들일 것이다. 어떤 식으로든 증거를 제시할 수 없는 사안에 대해 질문을 받는다면, 할 수 있는 가장 솔직한 대답은 '나는 모른다'이다.

아이작 아시모프가 지적했듯이, 인간은 이성적일 뿐 아니라 감성적인 존재다.[9] 자신의 선택이 옳다고 맹목적으로 주장하지 않는다면, 무언가를 선호하는 행동은 나쁘지 않다. 그러니 여러분도 뇌를 가장 괴롭히는 해석 하나를 선택하길 바란다.

11장

저 먼 들판에

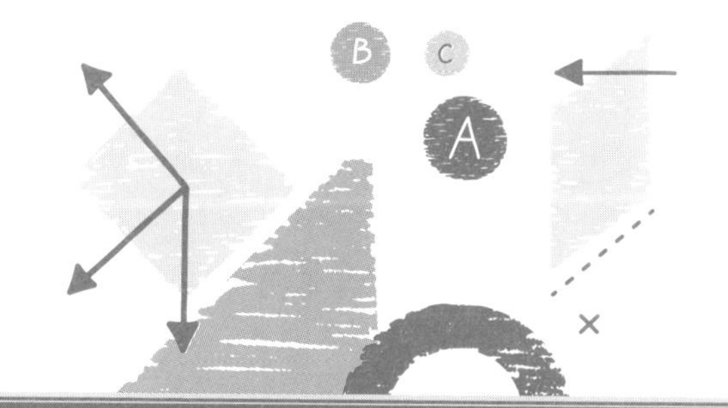

어려운 질문 하기

지금까지 우리는 책 전반에 걸쳐 '입자'라는 단어를 자유분방하게 사용해왔다. 하지만 이제는 정확한 의미로 고정해서 사용할 때다. 입자물리학에 대해 진지하게 이야기할 생각이라면, 입자가 정확히 무엇을 의미하는지 규정할 필요가 있다.

물리학자들이 종종 사용하는 간단한 정의는 '서로 뭉쳐서 저절로 떨어지지 않는 것'이다. 인간의 팔은 (일반적으로) 제멋대로 몸통에서 떨어지지 않으므로 그 정의에 부합하며, 그런 의미에서 우리 몸은 거대한 입자다.

인간의 몸은 여러 입자로 구성된 복합체여서 한데 뭉쳐 있다가도 작은 입자들, 이를테면 장기organ 단위로 분리될 수 있다. 장기는 세포라고 부르는 입자로 나뉘며, 세포는 분자로 분해되고, 분자는 원자로, 마지막으로 원자는 양성자, 중성자, 전자로 쪼개진다.

우리가 아는 한 전자는 더 작은 입자로 쪼개지지 않는다. 하위 입자로 구성되어 있지 않으나 뭉쳐진 상태다. 이것은 원자, 분자, 세포와 구별되는 특별한 입자 형태다. 전자는 하부 구조를 가지지 않은 진정한 기본 입자다.

멋진 패러데이 씨

기본 입자에 관한 이야기는 1800년대 과학계에서 최고의 쇼맨십을 선보인 마이클 패러데이Michael Faraday와 함께 시작된다. 패러데이는 가난한 대장장이의 아들로 성장했고, 호기심을 가진 사람이라면 누구라도 과학을 접할 수 있어야 한다고 믿었다. 그러한 신념을 이루기 위해 패러데이는 영국 왕립연구소에서 과학을 주제로 공개 토론을 시작했으며, 화학 반응과 물리 현상을 선보여 청중을 사로잡았다. 그리고 힘의 한 종류인 자기력을 발견했음을 강연에서 최초로 발표했다.

자기력은 진공 상태에서도 작용할 수 있으며 신호를 전달하는 매질이 없어도 다른 자석을 끌어당기거나 밀어낼 수 있다. 또 단단한 장벽을 사이에 두고도 작용하는데, 이는 상대방을 당기거나 밀어내려면 직접 접촉해야 하는 다른 힘과 구별되는 특징이다.

오늘날 우리는 휴대전화와 와이파이 공유기의 세계에서 살고 있기 때문에 자기력에 관한 어떠한 점도 그리 놀랍게 느껴지지 않지만, 1800년대에는 무언가에 손을 대지 않고 영향을 준다는 개념이 마법 같았다. 자석이 어떻게 작동하는지 설명하기 위해 패러데이는 대중에게 자기력을 물질이 아닌 '장field, 場'에서 만들어지는 것으로 생각하라고 조언했다.

자석은 자신을 둘러싼 기하학적 공간에 보이지 않는 왜곡을 일으키는데, 자기력을 지닌 모든 물체는 그 왜곡을 추적할 수 있다. 공간에서 왜곡된 영역은 움직이는 입자의 거동에 영향을 주지만, 왜곡된 영역 자체가 물질로 이루어져 있지는 않다.

장은 입자가 통과할 때 어떻게 움직일지 안내하는 비물질적이면서도 유동체와 비슷한 존재다. 어떤 영역에서는 다른 영역에서보다 강하게 작용하지만, 눈에 보이지 않는 영향력만 존재할 뿐이다.

우리는 어떤 물질이 다른 물질로 만들어진다는 개념에 익숙하기에, 장에 관한 개념을 접하면 깜짝 놀라 눈을 동그랗게 뜨게 된다. 다른 어떠한 물질로도 만들어지지 않은 존재를 이해하기는 쉽지 않지만, 그것이 장이 존재하는 방식이다. 빈 것처럼 보이는 공간에도 특성은 존재할 수 있다.

농담 하나가 생각난다. 노벨상을 받은 허수아비 이야기를 아는

가? 그 허수아비는 자신이 서 있는 들판field에서 두각을 나타냈다 (장, 들판, 분야 등을 의미하는 단어 'field'를 이용한 말장난 - 옮긴이).

마이클 패러데이가 물리학에 이해하기 어려운 장 개념을 도입하고도 사과하지 않았던 것처럼, 나도 저 썰렁한 농담에 대해 사과하지 않을 것이다. 그런데 장 개념 없이는 자기력, 전기력, 중력을 설명할 방법이 없다. 게다가 장들은 상호 작용도 한다.

장은 하나인가, 둘인가?

여러분이 자석을 가져다 흔들면 자기장에 위아래로 파동이 일어나는데, 이것이 일어난 현상의 전부가 아니다. 패러데이는 자석을 흔드는 행동이 교란된 자기장과 직각을 이룬 전기장에도 동시에 교란을 일으키는 것을 발견했다.

이렇게 발생한 전기장 파동은 자기장을 툭 치고, 자기장은 다시 한번 전기장을 흔들어서 받은 만큼 돌려준다. 전기장과 자기장은 교대로 상대를 끝없이 자극한다.

따라서 자기장에 최초로 형성되었던 파동은 서로 교차한 상태로 진동하는 전기장과 자기장을 따라 운반된다.

우리는 이 같은 파동을 '전자기파electromagnetic waves'라고 부르며,

아래 다이어그램처럼 90도로 교차한 전기장과 자기장을 따라 오르락내리락하는 가늘고 긴 선으로 나타낸다(수직축 E에 놓인 전기장과 수평축 M에 놓인 자기장에 파동이 일어나고 있다).

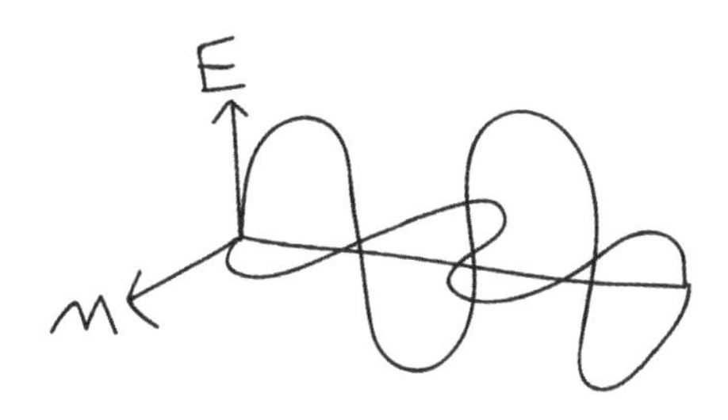

자기장과 전기장을 분리하는 것은 불가능해 보이는데, 한 축이 진동하면 다른 축도 마찬가지로 진동하기 때문이다. 그래서 이들을 연동하는 두 개의 장이 아닌 하나의 '전자기장electromagnetic field'이라 묶어서 언급하기도 한다.

짐작대로 이처럼 겹쳐진 두 개의 장을 수학적으로 묘사하는 것은 엄청나게 복잡하다. 우주의 모든 지점에 그곳으로 들어오는 입자가 어떠한 영향을 받는지 가르쳐주는 값을 할당해야 한다.

입자가 밀려날 방향을 가리키는 작은 화살표(벡터라고도 부름)들이 장의 모든 지점마다 있다고 상상해보자. 각 지점에는 자기장 벡터, 그리고 자기장 벡터와 직각을 이룬 전기장 벡터가 있어서 장에 진입한 입자의 움직임을 알려준다.

이제 자석을 흔들어서 전자기장에 파동을 일으키면 어떤 일이 일어날지 떠올려보자. 서로에게 수직으로 놓인 상태로 회전하며 방향과 크기가 변화하는 수많은 화살표를 추적하는 것은, 특히 학교에서 수학을 공부한 적이 없고 단순한 분수보다 복잡한 연산은 할 수 없었던 패러데이에게 쉽지 않았다.

사람들이 패러데이의 전자기장 이론에 의문을 제기하기 시작하자, 스코틀랜드의 젊은 물리학자 제임스 클러크 맥스웰James Clerk Maxwell이 패러데이를 돕기 위해 나서서 전자기장 이론 검증에 필요한 수학을 계산했다.

맥스웰 방정식은 전기장과 자기장이 정확히 어떻게 상호 작용하는지 예측하는 데 도움을 주었으며 데이터와 잘 맞았다. 마침내 패러데이가 제시한 장에 대한 직관은 신뢰를 얻게 되었는데, 그의 직관은 놀랍게도 시간과 관련이 있었다.

맥스웰 방정식은 깜짝 놀랄만한 예측도 했다. 전자파가 특별한 속도 299,792,458m/s로 우주에서 전파된다는 사실을 밝혔다. 이 낯익은 숫자는 빛의 속도다.

나를 밝게 비춰줘

1846년 어느 토요일(정확히는 4월 11일) 저녁, 패러데이는 친구 찰스 휘트스톤Charles Wheatstone과 왕립연구소 강당으로 갔다. 처음에는 휘트스톤이 공개 강연을 진행할 예정이었으나, 공황 발작 증상이 나타난 그가 건물 밖으로 뛰쳐나간 바람에 패러데이만 강당에 남겨졌다. 관객들을 실망시키면 안 된다고 생각한 그는 최근 곰곰이 생각해온 아이디어를 강연하기로 그 자리에서 결정했다.[1]

패러데이는 물체 안에서 입자가 춤을 추면 전자기파가 생성되는데, 이 전자기파가 우주를 돌아다니다가 눈에 감지되었을 때 우리는 입자의 존재를 알게 되는 것이라고 추측했다.

맥스웰 방정식과 실험으로 측정한 빛의 속도가 단순한 우연으로 보기에는 너무 잘 맞았다. 패러데이의 추측은 분명 옳았다. (르네 데카르트와 토머스 영이 주장한) 빛의 파장을 실어나르는 매질이 바로 전자기장이었다.

전자(전기적, 자기적 특성을 지닌 입자)를 진동시키면, 광속으로 이동하는 파동을 일으킬 수 있다. 하지만 그 파동을 직접 볼 수는 없다. 인간 눈으로 보기에 그 빛은 에너지가 너무 낮기 때문이다. 반면에 라디오 안테나는 그 파동을 잡아낸다.

전자를 초당 수백만 번 정도로 아주 빠르게 진동시켜 발생한 전자기파는 우리 눈에 보이게 되는데, 빨간색, 주황색, 노란색, 녹색, 파란색, 남색, 보라색 빛을 낸다.

그보다 더 빠르게 전자를 진동시키면 전자기파의 에너지는 매우 강해진다. 마치 고음의 개 호각 소리가 인간의 귀에는 들리지 않는 것처럼, 고에너지의 빛도 우리 눈에는 보이지 않는다. 이 상태에서 전자는 자외선과 엑스선을 방출한다.

매우 현실적인 비유를 들자면 휴대전화, 라디오 송신기, 와이파이 허브, 블루투스 방출기, 전자레인지, 적외선 리모컨, 엑스선 스캐너 같은 장치는 모두 빛을 뿜는 손전등이다. 이들 장치가 방출하는 빛은 진동수(장치가 방출하는 파동이 얼마나 빠르게 진동하는지를 나타내는 척도)가 너무 높거나 낮아서 우리 눈에 보이지 않지만, 모든 전자기파는 근본적으로 같다.

유리 한 장을 통과하는 손전등 빛과 사람 피부 한 층을 통과하는 엑스선 사이에는 개념적으로 차이가 없다. 전자기파가 물질을 통과할지, 혹은 표면에서 반사될지는 그 전자기파가 지닌 에너지, 그리고 유리나 피부 같은 물질이 지닌 전자껍질의 에너지준위 차이로 결정되며 두 예시에서 일어나는 현상의 원리는 같다.

인간은 전자기장이 전달하는 색의 극히 일부만을 볼 수 있지만, 패러데이가 인류의 눈을 뜨게 했다. 밤하늘에 뜬 별들은 가시광선을 포함해 라디오파, 마이크로파, 적외선, 자외선, 엑스선, 감마선도 방출한다.

우리가 밤에 별을 볼 수 있다는 사실은 전자기장이 지구뿐만 아니라 우주에도 존재해야 한다는 것을 알려준다. 그렇지 않다면 지구로 에너지를 전달할 매질이 없을 것이다. 전자기장이 온 우주에 넘쳐흐른다. 우리는 지금 그 우주에 앉아 있다.

여러분의 눈이 이 페이지에 적힌 단어들을 읽을 수 있는 것은, 종이 표면의 전자가 에너지 준위 사이를 도약하면서 주위 전자기장에 교란을 일으키기 때문이다. 그 전자기적 교란은 전자기장을 통해 여러분의 얼굴 쪽으로 이동하다가 마침내 여러분 눈에 도착하여 망막 뒤쪽에서 전자에 의해 흡수되는데, 그 결과 발생한 전류가 시신경을 거쳐 뇌로 전달된다. 전자기장의 진동이 여러분이 보는 유일한 존재다.

아이스크림과 침대 시트

지금까지는 상당히 고전적인 관점에서 장을 부드러운 파동으로 다루었다. 하지만 우리는 플랑크와 아인슈타인 덕분에 빛에너지가 덩어리, 즉 광자로 쪼개진다는 것을 안다. 1930년대 영국의 은둔형 물리학자 폴 디랙Paul Dirac은 전자기장을 양자 용어로 기술하는 방법, 즉 '양자장 이론quantum field theory'을 고안했다.

사람이 죽고 나서 특정 의학적 소견이 있었다고 뒤늦게 진단하는 것은 바람직하지 않지만, 폴 디랙이 자폐 스펙트럼에 속했을 가능성은 매우 크다. 그는 가벼운 대화를 나누거나 자신을 홍보하고 꾸미는 행위에 전혀 관심이 없었으며 타인의 언어를 문자 그대로 이해했다. 디랙이 가르친 학생들은 말하는 속도, 즉 단위 시간당 말하는 단어의 수를 '디랙 단위Dirac unit'라고 농담 삼아 불렀다.[2]

농담 하나 더 소개하겠다. 마법의 트랙터에 대해 들어본 적 있는가? 마법의 트랙터는 길을 따라 내려가 들판field으로 변했다('turn into'가 '들어가다'와 '바뀌다'라는 이중 의미를 지닌 점을 이용한 말장난 - 옮긴이).

이 농담에는 숨은 의미가 있다. 말 그대로 트랙터가 들판으로 변한다는 것은 터무니없다. 물체와 장은 다른 존재인 까닭에, 트랙터 같은 덩어리 물체는 부드러운 장field으로 변환될 수 없다. 그들은 서로의 모습으로 바뀔 수 없다. 하지만 양자장 이론에서는 물체와 '장field'이 상호 전환된다.

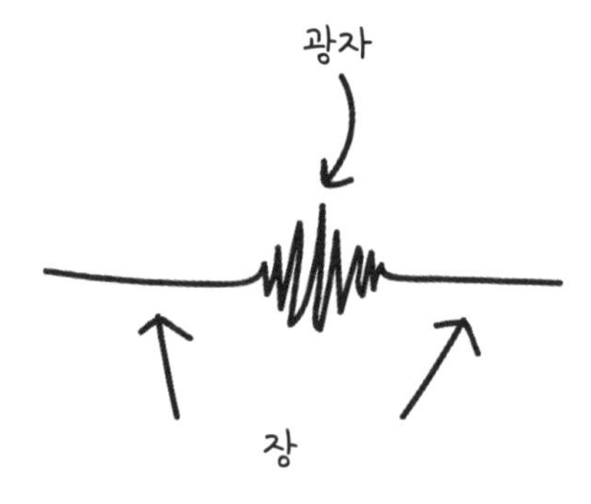

광자는 입자(서로 뭉쳐서 저절로 떨어지지 않는 존재)인 동시에 파동 특성(매질을 통해 진동함)도 갖고 있으므로 광자가 진동을 일으

키고 있는 어떠한 형태의 '장'은 반드시 존재할 것이다.

우리는 고전적 관점에서 전자기장을 위아래로 출렁이는 물결로 연상하지만, 양자적 관점에서는 에너지를 심장 모니터에 뾰족하게 그려지는 그래프처럼 장 안에 고립된 순간적 신호로 생각한다.

전자기장은 우주에 잔잔하게 깔린 배경으로 존재하다가 특정 영역이 불안정해지면 뭉치고 꼬이며 에너지가 집중된 작은 매듭을 형성한다. 이 한 덩어리의 교란된 장이 '전자기장의 양자quantum of the electromagnetic field'이다. 잔잔한 배경 안에 형성된 덩어리, 광자.

장의 양자는 3차원으로 그리기가 어려우므로, 대부분은 앞의 그림처럼 평평한 표면 위로 불룩 튀어나온 입자에 비유한다.

매트리스 위에 펼쳐놓은 부드러운 침대 시트를 떠올리는 것도 이해에 도움이 된다. 침대 시트의 한 지점을 잡아당기면 시트 천으로 이루어진 작은 산이 솟아나는데, 그것이 장의 양자를 나타낸다. 침대 시트 입자.

장의 양자(입자)는 한 지점에서 다른 지점으로 이동할 수 있는데, 마치 빈 공간을 통해서 움직이는 느낌이다. 장은 우리를 사방에서 에워싸는 3차원 구조이며 그 안에 광자들이 들뜬 상태로 존재한다는 것을 기억하자.

나는 전자기장을 큰 통에서 아이스크림을 한 덩어리 뜨는 것에 비유하고 싶다. 아이스크림을 뜨기 전, 통 안에 든 아이스크림의 평평한 표면은 고요한 전자기장이며 거기서 뜬 아이스크림 한 덩어리가 실험에서 관측되는 광자다.

사실 전자기장은 광자장이라고 불러야 맞지만, 물리학자들이 구시대적 용어에 집착하기를 얼마나 좋아하는지는 이미 잘 알고 있을 것이다(지나온 길을 되돌아보도록, '스핀').

우리는 입자로 만들어지지 않았다

폴 디랙은 전자기장(또는 광자장)에서 광자를 추출하는 방법을 수학적으로 설명하고, 모든 입자는 파동적 특성을 지니므로 그 입자가 속한 장의 양자로도 볼 수 있음을 밝혔다.[3]

우주에는 전자기장과 겹쳐진 전자장electron field이 어디에나 있는데, 전자장이 교란되면 전자 거품이 일어난다. 여러분 몸을 포함한 세상의 모든 입자는 눈에 보이지 않는 장에서 들뜬 상태로 진동한다.

우리 몸의 입자들과 주위를 둘러싼 공간은 절대로 분리되지 않는다. 여러분은 무無로 이루어진 장을 떠다니는 에너지 덩어리이다. 이 사실을 불안하다고 생각할지, 아름답다고 생각할지는 여러분 몫이다.

12장

직선과 물결선

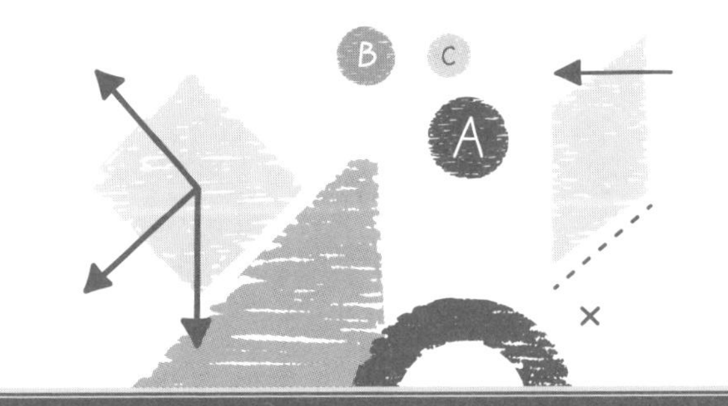

온 세상을 지배하는 하나의 이론

폴 디랙은 언젠가 양자장 이론이 물리학에서 가능한 모든 현상을 설명할 수 있기를 바랐다. 모든 입자가 장에서 양자로 다뤄지고, 장 사이의 상호 작용은 입자 사이의 상호 작용을 뒷받침한다. 디랙의 아이디어는 잠재적으로 물리학을 변화시켰다. 하지만 불행하게도 그 아이디어는 너무 복잡해서 소수의 사람만 참여할 수 있는 게임이 되었다.

양자장 이론을 푸는 수학은 어렵다. 미치도록 어렵다. 클레이 수학연구소Clay Mathematics Institute는 양자장 이론에 관련된 어려운 문제를 푸는 사람에게 상금 10억 원을 수여한다(이번 주말에 도전해보고 싶은 사람은 양-밀스 질량 간극 가설Yang Mills Existence Mass Gap Problem을 찾아보도록).

어렵고 복잡한 이론을 발전시키기 위해, 디랙은 가장 작은 입자와 그 입자장인 전자와 전자장, 광자와 광자장만 고려하기를 제안했다. 그리고 그들 사이의 상호 작용을 '양자전기역학quantum electrodynamics', 줄여서 QED라 부르며 우선 완벽하고 세밀하게 QED 이론을 정립한 다음 거기에 다른 입자들을 더하면서 발전시켜 나가기를 희망했다.

1930년 디랙은 저서《양자역학의 원리The Principles of Quantum Mechanics》의 말미에서 "여기에는 근본적으로 새로운 물리학적 사상이 필요한 것 같다"라는 말로 결론지었다. 상당히 절제된 표현이지만, 디랙의 내향적인 성격으로 미루어볼 때 그리 놀랍지 않다.

그의 의견은 산들바람에 실린 가벼운 도전 과제로서 물리학계에 흘러 들어갔고, 마침내 디랙과 성향이 정반대인 사내의 마음에 걸려들었다. 과학계에서 가장 카리스마 넘치는 매력적인 사나이 리처드 필립스 파인먼Richard Phillips Feynman.

봉고 드럼을 치는 남자

뉴욕에서 제복업체 판매원의 아들로 태어난 리처드 파인먼은 어렸을 적부터 물리학에 엄청난 재능이 있었다. 그의 공식적인 IQ는

123(그다지 놀랍지 않은 적당한 수치)으로 기록되었으나, 성인이 된 무렵부터는 아인슈타인에 비견될 정도로 지구상에서 가장 재능 있는 과학자로 인정받았다.

파인먼이 얼마나 똑똑한 사람인지 말하자면, 1958년 나사NASA가 인공위성 익스플로러 2호Explorer II를 발사했으나 상승하는 동안 어딘가에 문제가 발생하여 위성은 결국 궤도에 오르지 못한 때였다. 파인먼은 위성이 떨어지는 위치를 컴퓨터보다 빨리 계산할 수 있다면서 나사 엔지니어들에게 내기를 걸었다. 그리고 그는 내기에서 이겼다. 그뿐만 아니라 답을 컴퓨터보다 더 정확하게 계산했다. 두 번이나.[1]

파인먼은 초대받은 파티에서 언제나 주인공이었고, 많은 친구에게 금고 털이 묘기, 봉고 연주, 서커스 저글링을 선보이며 즐겁게 해주었다. 또 매주 강의에서 자신을 위해 레드 카펫을 깔고, 스트립바를 찾아가 냅킨에 수학 계산을 하거나 가끔 마주치는 남성들과 댄서의 모습을 스케치하며 시간을 보냈다.[2]

타고난 이야기꾼에 뻔뻔한 장난꾸러기였던 파인먼은 물리학계의 한 솔로(스타워즈 시리즈 등장인물로 쿨한 남성 캐릭터 - 옮긴이)였다. 그리고 그 시대에 누구보다 뛰어난 지성인이었다.

파인먼은 매사추세츠공과대학에 입학하고 프린스턴대학으로 옮겨(입학시험에서 만점을 받았다) 존 아치볼드 휠러 밑에서 박사학위를 받았다. 존 휠러는 휴 에버렛이 다세계 해석을 연구할 때 지도한 교수이기도 하다.

박사 과정을 절반 정도 마친 상황에서 파인먼은 로버트 오펜하이머에게 영입되어 미군을 도와 원자폭탄을 설계하는 일에 참여했는데 당시 오펜하이머는 그를 '이곳에서 가장 탁월한 젊은 물리학자'라 언급했다.[3] 오펜하이머가 말하는 '이곳'은 로스앨러모스 국립연구소Los Alamos National Laboratory로 세계에서 가장 똑똑한 과학자들을 독점하기 위해 설립한 기관이었다.

전쟁이 끝난 후 파인먼은 코넬대학교에서 박사후 과정을 마치고 캘리포니아공과대학에서 교수직을 맡아 일하면서 원폭 제조를 돕는 과정 중 느꼈던 죄책감을 해소하려 노력했다. 그는 생각하고, 학생들을 가르치고, 돌보는 세 가지 일에 일생을 바치기로 마음먹었다.[4]

학생들을 가르치고 돌보는 일은 쉬웠다. 파인먼의 강의는 대단히 훌륭해서 신입생뿐 아니라 물리학과의 다른 교수들도 듣고 참고할 정도였으며, 그러한 그에게 '위대한 설명가'라는 별명이 붙었다. 이제 남은 목표는 하나였다. 생각하기. 그는 디랙이 남긴 도전 과제에 관해 생각하기로 했다.

나는 이런 식으로 그린다

전자와 광자를 다루는 완벽한 양자장 이론을 세우는 것에는 큰 문제가 있었다. 문자 그대로 거대한 문제다. 수없이 계산하여 얻은 값이 무한대로 발산하거나 무한한 숫자를 넣어야 답이 얻어지는 상황은 유한한 우주에 분명 적합하지 않았다(자세한 설명은 부록 Ⅳ 참조).

파인먼이 같은 시대를 살았던 다른 천재들과 어떠한 측면에서 달랐는지 하나만 꼽기는 어렵지만, 나는 그가 물리학자이자 수학자로 살았다는 점이 다르다고 생각한다.

그를 평가 절하하려는 것은 아니다. 파인먼은 누구에게도 밀리지 않는 수학의 거장이었으나 그에게 방정식은 소통 수단일 뿐 최종 목표가 아니었다. 여러분도 수학 기호에 갇히지 말고, 학자들이 묘사하는 대상의 본질에 집중해야 한다. 그런데 많은 사람이 QED를 다루려고 사용한 수학 언어는 복잡한 데다 답을 부분적으로만 제시했으므로, 파인먼은 QED에 쉽게 접근하기 위한 새로운 유형의 수학을 고안하기로 마음먹었다.

외부에 아무런 영향을 주지 않으면서 우주를 떠다니는 전자의 모습을 떠올려보자. 양자장 이론의 용어로 설명하면, 전자는 전자장의 한 영역에서 다른 영역으로 전파되는 에너지 양자이다. 이 양자의 궤적은 전파인자propagator라는 방정식으로 기술된다.

파인먼이 구축한 새로운 수학 체계에서는 전자의 전파인자 방정식이 간단한 화살표 기호로 대체된다.

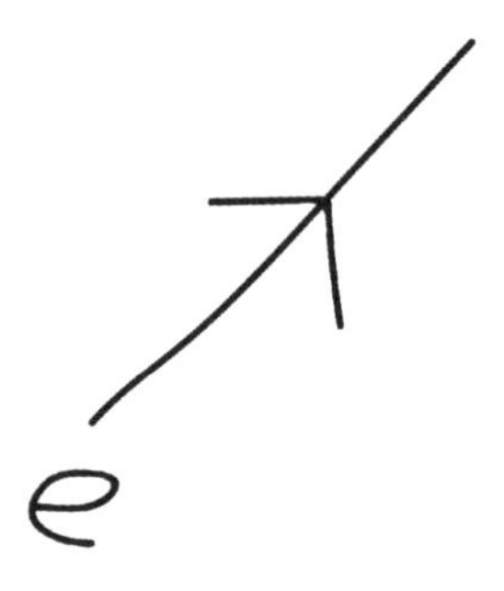

(주의: 엄밀히 말하면 화살표 기호는 '운동 중인 전자'를 나타내는데 반드시 위아래로만 그릴 필요는 없다. 곡선이나 핵 주위를 도는 형태로 그리기도 한다.)

그런데 정해진 궤적을 따라 움직이는 전자 쪽으로 접근하던 광자가 전자에 흡수되면서 충격을 가하여 전자를 새로운 방향으로 움직이게 한다. 여러분은 이제 전자를 만나는 광자장의 양자, 그리고 전자장과 광자장 사이에서 일어나는 에너지 전달을 양자장 이론 용어로 기술해야 한다.

우리는 광자 전파인자를 구불구불한 물결선으로 표현하며 전자-광자 상호 작용을 다음과 같이 나타낸다.

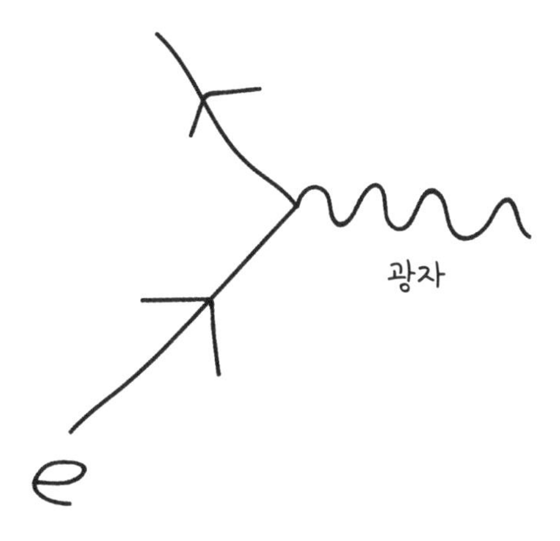

그림 아래부터 살펴보면, 전자는 전자장을 통해 전파되다가 광자장과 상호 작용(광자 흡수)하면서 에너지를 흡수하고 새로운 방향으로 나아간다. 이 과정은 전자가 광자를 방출하면서 다른 방향으로 후퇴하는 역과정으로도 간단하게 표현될 수 있다. 사격할 때 총을 쥔 손이 뒤로 반동하는 것과 마찬가지다.

그림에서 세 선이 결합하는 지점은 '꼭짓점vertex'이라 부르며 결합상수coupling constant를 이용해 수학적으로 처리한다. 결합상수는 두 장이 에너지를 얼마나 쉽게 교환할 수 있는지 가르쳐주는 척도다. 수치가 클수록 두 양자(입자)가 상호 작용하기 쉽다.

이 모든 요소는 상당히 단순해 보이는데, 여기서 파인먼식 접근법이 가진 강점이 뚜렷하게 드러난다. 파인먼 다이어그램은 과도한 수학 전문 용어를 없애서 분량을 줄이고 본질만 남긴다. 들어오는 전자 전파인자, 광자 전파인자, 나가는 전자 전파인자와 결합상수를 곱해 전자와 광자가 어떻게 상호 작용할 것인지 예측한다. 파인먼의 이론은 양자 전기역학을 효과적으로 설명했다.

마침내…… 전하의 본질이 밝혀졌다

일반적인 빛은 방향, 속도, 에너지 법칙의 지배를 받는 광자로 이루어져 있다. 두 전자는 서로 스쳐 지나가는 동안 공을 패스하는 축구 선수처럼 광자를 교환할 수 있는데, 하이젠베르크의 불확정성 원리에 따라 광자가 실제 어느 방향으로 이동했는지는 알 수 없다. 광자 교환이 일어난다고는 말할 수 있으나 어떤 전자가 광자를 주고 어떤 전자가 받았는지는 알 수 없는 것이다. 우리가 운동량과 위치에 관한 너무 많은 정보를 얻기 때문이다.

전자 사이에 일어나는 광자 교환은 영구적인 빛이 아닌 일시적인 광자 파동의 이동으로 보아야 하며, 그것은 분명 우리가 일반적으로 접하는 광자가 아니다.

두 척의 배가 호수를 가로지르며 짧은 거리를 이동한다고 상상해보자. 두 배가 일으킨 물살은 호수 어딘가에서 만나 일시적으로 수면을 요동치게 하면서 서로를 밀어낸다. 두 배는 부딪치지 않지만 순간 출렁이는 수면을 통해 에너지를 교환하고 일직선이 아닌 곡선으로 궤적을 그리며 나아간다.

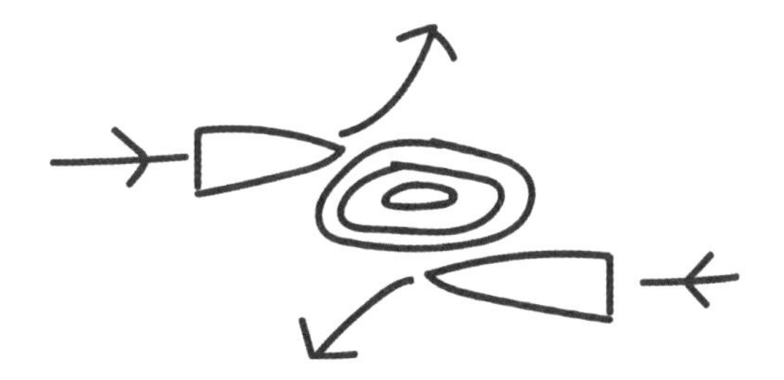

장난감 배(위에서 내려다본 모습)는 전자, 수면에 일어난 파동(두 배 사이의 동심원들)은 전자가 교환하는 광자를 말하며, 광자는 에너지가 전달되는 동안 잠시 존재한다.

빛을 구성하고 영원히 존재하는 실제 광자와 구별하기 위하여, 이처럼 전자기장에 잠시 존재하는 파동을 '가상 광자virtual photon'라고 부른다. 망망대해에 영원히 홀로 떠도는 파도가 아닌, 바다 위의 배 두 척을 밀어내며 서로 멀어지게 하는 파도가 가상 광자다.

가상 광자는 긴 시간 존재하지 않고 물리학의 일반적인 규칙을 따르지 않아도 되므로, 평소에 보지 못하는 특성을 전부 가상 광자에 할당한 다음 현상을 해석해도 된다.

가상 광자는 서로 멀어지는 전자들 사이에서 에너지를 전달할 수 있는데, 입자 중 하나가 반대 전하를 띤 경우 우리는 가상 광자

에 '음의 에너지'를 부여할 수 있다. 이 에너지는 입자들을 소용돌이처럼 빨아들인다.[5]

같은 전하를 띤 입자가 서로 밀어내는 다이어그램이 왼쪽, 반대 전하를 띤 입자가 서로 끌어당기는 다이어그램이 오른쪽이다. 각각 두 개의 연결 상수(그림에 표기된 꼭짓점)와 다섯 개의 전파인자(다섯 개의 선)가 포함되어 있어서 계산은 조금 까다롭지만 QED로 도출한 해와 딱 맞는다.

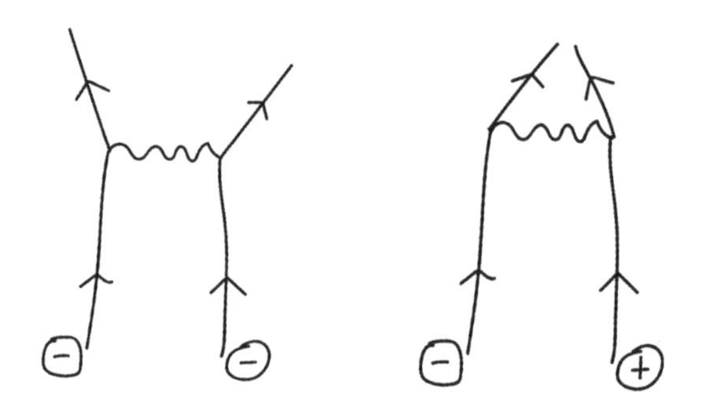

전하는 입자가 광자장과 얼마나 강하게 상호 작용하는지, 가상 광자가 어떤 방식으로 거동하는지 알리는 척도다.

물리학자 줄리언 슈윙거Julian Schwinger(파인먼과 함께 노벨상을 수상함)에 따르면, 전자를 상상할 때는 마치 저글링을 하면서 달리는 사람처럼 가상 광자를 끊임없이 방출하거나 흡수하는 모습을 떠올려야 하며, 그 움직이는 전자가 주변에 퍼뜨린 가상 광자 구름은 다른 입자와 부딪힐 수 있다. QED는 전하의 본질을 설명한다.

법칙 깨기

우리는 이 책의 첫 장부터 원인은 언제나 결과를 유발하며 어떠한 결과도 이유 없이 발생하지 않는다고 확신했다. 무에서 유를 얻거나 유에서 무를 끌어낼 수 없다. 1795년 에밀리 뒤샤틀레Émilie du Châtelet가 제시한 이 원리는 '에너지는 새로 만들어지거나 없어지지 않는다'는 열역학 제1법칙으로 자주 언급된다. 그런데 가상 광자가 이 법칙을 무너뜨린다.

하이젠베르크의 불확정성 원리는 입자를 정확하게 측정할 수 없다고 말한다. 운동량과 위치가 동시에 확정될 수 없으므로 입자는 운동을 멈출 수 없다. 양자장 이론은 이 원리를 확장하면서 입자의 본질은 전부 그 입자의 근간을 이루는 입자장의 본질에서 나온다고 설명한다. 어떠한 장도 고정된 값을 가질 수 없다는 의미이다.

양자장은 끊임없이 움직이고 그 움직임은 가상 입자로 드러난다. 이는 매초 텅 빈 장이 수많은 가상 입자를 생성하고 파괴한다는 것을 의미한다. 여러분 주위의 모든 공간은 눈 깜짝할 사이에 반짝이는 가상 입자들을 보글보글 배출하고 있다. 빈 공간은 진짜 비어 있는 것이 아니다.

파인먼이 계산한 결과, 전구 하나에 들어 있는 가상 입자의 에너지는 전부 모으면 지구 바닷물을 전부 끓일 수 있을 정도로 강하다. 다만 나타날 때와 마찬가지로 빠르게 사라지기 때문에 모든 에너지를 감지할 수 없는 것이다.

다시 말해, 양자장 이론에서 '무無'는 불안정한 상태이며 불확정성 원리는 그러한 상태를 그냥 두지 않기 때문에 여러분은 '무'의 상태로부터 무엇인가를 얻을 수 있다. 충분히 오랫동안 비어 있는 상태로 공간을 두면, 아무런 이유 없이 에너지가 나타나는 것이다. 말도 안 되는 이야기처럼 들리지만, QED는 상당히 설득력 높은 이론이므로 우리는 이 내용을 받아들여야 한다.

과학계를 통틀어 가장 정확한 이론

누구에게 공로가 있는지 따져보면, 파인먼이 전자와 광자를 다루는 완벽한 양자장 이론을 고안한 유일한 사람은 아니었다. 그는 앞서 언급한 줄리언 슈윙거, 도모나가 신이치로朝永振一郎와 공동으로 노벨상을 받았는데 세 사람에게는 QED 예측을 계산하는 저마다의 방법이 있었다.

슈윙거와 도모나가의 계산식은 상당히 방대했으며 파인먼에게는 필요하지 않았던 계산 과정도 포함되어 있었다. (파인먼과 슈윙거의 접근 방식은 근본적으로 상당히 달랐는데, 두 사람과 잘 아는 프리

먼 다이슨Freeman Dyson이 어느 날 오후 푹푹 찌는 버스 뒷좌석에 앉아 이타카로 가는 도중 알아차리기 전까지, 아무도 파인먼과 슈윙거가 같은 문제에 대해 연구하고 있다는 사실을 알지 못했다.)[6]

파인먼 다이아그램은 우아하다. 그러나 아름다운 그림만으로는 노벨상을 받지 못한다. 믿어달라. 나는 이 책에 실린 삽화들을 노벨상 위원회에 제출했으나 아무런 소식도 듣지 못했다. 다만 파인먼 다이어그램이 단지 상상만으로 그려낸 스케치는 아니라는 점에서, 내가 그린 삽화보다 더 낫긴 하다. 아무튼 파인먼 다이어그램은 놀라울 정도로 예측에 강하다.

QED에서 다루는 힘 중에는 광자와 전자장이 서로 얼마나 강하게 결합하는지 계산한 값이 있다. 2012년 니오 마키코仁尾眞紀子와 연구진이 이 값을 가장 정밀하게 계산해냈다. 광자와 전자장 사이에 꼭짓점 10개가 포함된 파인먼 다이어그램 1만 2,672개 결과를 계산한 것이다.

그들이 계산한 두 장의 결합상수는 0.00729735256였다. 실험으로 측정된 값은 0.00729735257이다. 이론값과 실험값 사이에 소수점 10자리가 일치한다.[7]

이러한 정확도를 두고 파인먼은 뉴욕에서 로스앤젤레스까지의 거리를 측정한 값의 오차가 사람 머리카락 한 올보다 작은 것이라고 표현했다. 지금까지 과학계에서 이 정도로 정확한 예측은 없었다.

따뜻한 공기가 상승하는 원리부터 바이러스가 활동하는 원리까지, 어떠한 과학 이론과 비교해도 QED를 뒷받침하는 근거가 더 명확하므로 여러분은 다른 이론과 함께 QED도 받아들여야 한다. 그런데도 QED에 대해 확신하지 못한다면, QED가 예측한 다른 가설에 주목하자. 그것은 다름 아닌 반물질이다.

영화에 나올법한 이야기

디랙은 장에 나타나는 입자를 언급하며, 그 입자는 장에 구멍을 남길 것이라 지적했다. 아이스크림 비유로 돌아가면, 우리가 뜬 아이스크림 한 덩어리는 입자가 되고 통에 담긴 아이스크림 표면에는 떠낸 아이스크림 덩어리와 같은 크기의 분화구가 남는다.

입자를 다시 그 빈 공간에 넣어 없는 것으로 만들 수 있지만, 입자의 생성은 동시에 그 입자가 반전된 형태의 구멍을 생성한다. 이것이 반입자다.

파인먼의 QED도 반입자를 예측하지만 생성 방식이 다르다. 전자와 구멍이 생성되는 영역은 전자장 하나가 아닌 둘인데, 한 전자장은 전자를 위한 장이고 다른 하나는 반전자를 위한 장이며 이 두 개의 장을 광자장이 결합시킨다.

광자를 흡수하는(또는 방출하는) 전자를 나타낸 파인먼 다이어그램을 다시 살펴보자.

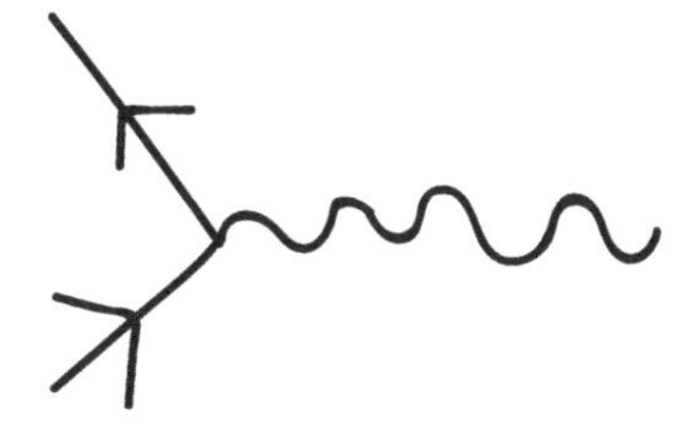

파인먼 다이어그램의 가장 중요한 특징은 어떤 각도에서 보아도 유효하다는 것으로, 다이어그램을 회전시켜도 도출되는 답은 언제나 참이다. 위의 다이어그램을 시계 방향으로 90도 돌리면 다음과 같다.

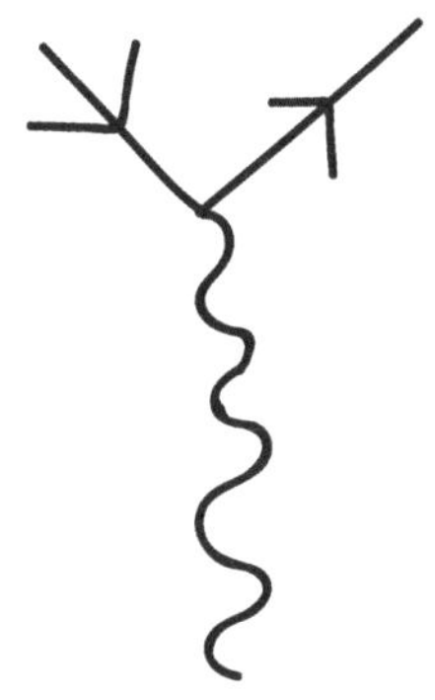

아래에서 위로 읽으면, 광자장의 양자 하나가 공간을 통해 전파되다가 무작위로 소멸하면서 갖고 있던 에너지를 전자장으로 전달한다(광자가 전자로 변화한다). 그런데 자세히 들여다보면 뭔가 이상

한 점이 발견된다. 두 전자 중 하나의 화살표가 뒤집혀 있다.

오른쪽 전파인자는 전자를 나타내지만, 왼쪽 입자는 오른쪽 전자와 동시에 발생하는 일종의 반대 전자임에 틀림없다. 우리는 이 다이어그램을 한 번 더 뒤집을 수 있다.

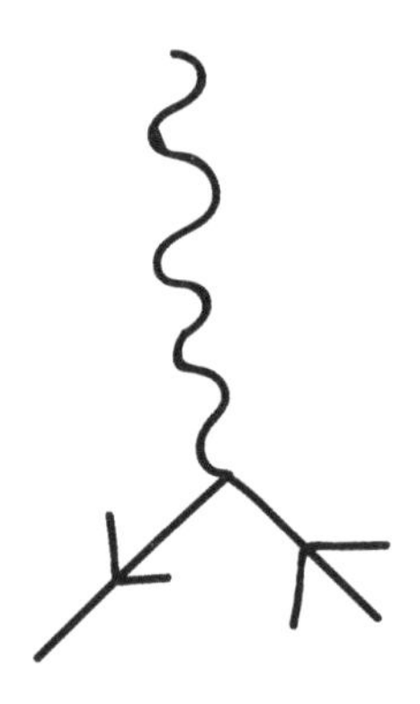

여기서는 화살표가 달린 두 선이 서로 접근하는 전자(오른쪽)와 반전자(왼쪽)를 나타내고, 이들은 소멸하면서 광자를 방출한다. (주의: 수학적인 이유로 이 같은 충돌은 실제 하나가 아닌 두 개의 광자를 생산하지만, 다이어그램에서는 그 차이가 드러나지 않는다.[8])

'반전자란 어떤 존재일까?'라는 여러분의 질문이 들렸다. 음, 보통 전자와 비슷하지만 반대 전하를 지녔다. 음전하가 아닌 양전하. 가령, 전자가 광자를 특정 방향으로 저글링해서 음전하를 얻는다면, 양전하는 그에 반대되는 방향으로 광자를 저글링해서 얻은 결과일까? 파인먼은 다소 애매하게 그렇다고 대답했다.

1949년 파인먼은 일반적인 전자의 전파인자를 가져다가 방정식의 시간 방향을 뒤집으면(다이어그램의 화살표를 반대로 두면) 반전자에 대한 전파인자를 얻는다고 밝혔다. 그의 의견에 따르면, 반입자는 시간의 역순으로 움직이는 일반 입자다.[9]

전자가 시간여행을 한다고 진지하게 주장할 수는 없는 탓에, 그 아이디어는 현대 물리학자들 사이에서 논쟁의 불씨가 되었다. 이 논란은 중첩에 이의를 제기한 아인슈타인과 비슷한 인상을 내게 남긴다. 아인슈타인은 중첩이 주는 암시를 좋아하지 않았지만, 무엇이 옳은지 그른지는 지금도 판단 불가능하다. 우리가 말할 수 있는 것은 슈뢰딩거 방정식이 잘 작동한다는 것뿐이다. 이는 결국 취향의 문제임을 의미한다. 반물질 입자는 존재하며 파인먼이 말한 그대로 거동한다.

나만의 입자 검출기를 구축하라

반물질은 칼 앤더슨Carl Anderson이 안개상자cloud chamber라는 장치를 사용하여 발견했다. 장치의 구조는 누구나 만들 수 있을 만큼 간단하다. 나도 몇 번 만들어봤을 정도다. 화재경보기 배터리도 갈 줄 모르는 나는 하이젠베르크만큼 실험실에서 쓸모없는 인간인데 말이다(물론 농담이다. 화재경보기는 내가 일하는 곳을 포함한 모든 실험실에 상당히 중요하다).

장치를 만드는 법은 다음과 같다. 투명한 플라스틱 상자를 가져다 상자 안쪽 모서리에 알코올로 적신 천 조각을 두른다(아이소프로필알코올 또는 소독용 알코올이 가장 효과가 좋다). 상자를 밀봉한 다음, 얼음 위에 두고 상자 바닥을 식힌다. 이렇게 하면 상자 안은 열은 알코올 증기로 채워지는데, 입자가 플라스틱 상자 벽면을 통과해 안으로 들어가면 흐릿한 비행 구름을 흔적으로 남긴다.

전하와 자기력은 같은 장의 특성이므로, 상자 안에 자석을 넣으면 대전된 입자들이 자석 주변에서 곡선을 그리며 움직인다.

칼 앤더슨은 우주에서 끊임없이 지구로 떨어지는 입자 파편인 우주선cosmic ray을 연구하면서 지구 표면에 도달하는 전자를 세고 있었다. 계산한 결과, 입자 대부분은 예측한 대로 정확하게 거동했으나 이들 입자 중 15개는 자석 주변에서 예상과 다르게 움직였다. 앤더슨이 관찰한 그 입자 15개가 양전하를 띤 전자였다. 우주에서 온 반물질.[10]

반전자는 '양전자positrons'로 명명되었다. 하지만 반대 전하를 지닌 양성자와 중성자는 실망스럽게도 반양성자anti-proton와 반중성자anti-neutron로 불렸는데, 중성자가 어떻게 반대 전하를 지닐 수 있는지 궁금할 것이다. 반중성자에 관해서는 다음 장에서 논할 예정이다.

QED 덕분에 우리 현실은 훨씬 더 복잡해졌다. 다루어야 할 입자와 장이 각각 일곱 개나 생겼기 때문이다. 양성자, 반양성자, 중성자, 반중성자, 전자, 양전자, 광자.

광자는 반물질이 없는데, 이는 파인먼이 말한 시간 역행 관점에서 보면 완벽하게 이치에 맞는다. 반물질이 시간을 거슬러 가는 일반 물질과 같다면, 광자는 시간을 경험하지 않으므로 광자의 반입자는 자기 자신이다.

이미 특수상대성이론에서 보았듯이, 시간은 우주에서의 제한속도에 도달할 때까지 느려지는데 광자는 이미 그 제한속도로 움직이고 있으므로 시간 개념을 갖지 않는다. 광자가 시간의 순행을 느끼지 못한다는 것은, 시간의 역행도 느끼지 못함을 의미한다.

만화책 속 악당을 무찌르기 위한 무기 선택

반물질 입자는 일반 물질(우주 대부분을 차지함)을 만나자마자 광자를 방출하면서 소멸하기 때문에 수명이 짧다. 하지만 걱정하지 않아도 된다. 여러분은 지구에서 그램당 7경 4,000조 원이라는 저렴한 가격으로 반물질 입자를 만들 수 있다![11]

반물질은 생산하기 매우 어렵고 비용도 많이 드는 탓에 인내심

강한 입자물리학자들의 손에서 아주 조금씩 만들어지고 있다. 이 글을 쓰는 현재, 반물질을 가장 많이 모은 기록은 2011년 반수소(양전자를 지닌 반양성자) 원자 309개로, 무려 16분 30초나 지속되는 양이다.[12]

물질-반물질 충돌을 이용하면, 한 티스푼 조금 넘는 양의 반물질만 써도 로켓을 알파 센타우리까지 보낼 수 있는 막대한 에너지를 얻기 때문에 연구할만한 충분한 가치가 있다. 또 반물질은 대략 광속의 4분의 1로 중형 우주선을 가속할 수 있으므로 수백 년도 아닌 몇 년 안에 우주여행을 실현해줄 것이다.

반물질이 내는 막대한 에너지는 무기 제조에 활용하기 적합하여, 군대에서는 반물질 폭탄에 관한 아이디어를 종종 논의해왔다. 우리가 어떻게 다루느냐에 따라 반물질은 지구를 파괴하는 도구가 되거나 위기 탈출을 돕는 수단이 될 것이다.

13장

입자물리학이 몸집을 불리다

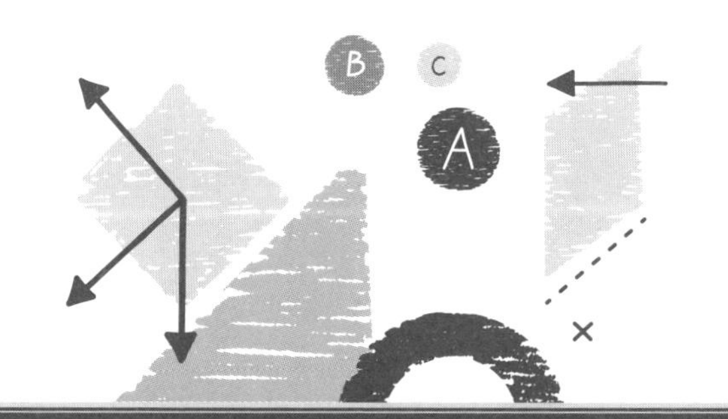

불청객

사건은 1936년 발생했다. 그보다 앞서 원자구조가 밝혀졌고, 양자장 이론의 예측은 정확했다. 인류가 자신감에 넘쳤던 마지막 시기는 막스 플랑크가 전구로 실험을 시작하기 직전으로, 당시 우리는 자신감을 잃을 사건이 더는 발생하지 않으리라 확신했다. 어떻게 그런 일이 또 일어날 수 있겠는가?

하지만 로버트 번스Robert Burns는 다음과 같은 유명한 시를 남겼다. "생쥐와 인간이 아무리 정교한 계획을 세웠어도, 뮤온장muon field은 계산에 넣지 못했다."(시 원문은 이러하다. "생쥐와 인간이 아무리 정교하게 계획을 세워도 그 계획은 자주 빗나가기 일쑤다." - 옮긴이)

칼 앤더슨은 안개상자 속 양전자가 남긴 흔적에서 반물질을 발견했다. 그것은 굉장한 성과였지만, 이미 QED가 반물질의 존재를 예측했기 때문에 놀라는 사람은 아무도 없었다. 실제 모두를 놀라게 한 것은 1936년 안개상자에서 발견된 또 다른 물질의 흔적으로, 그것은 전자처럼 거동했으나 무게가 200배 더 무거웠다.

뮤온muon이라 부르는 이 입자는 특성이 전자와 같으며 광자장에 결합하여 파인먼 다이어그램 규칙에 따른다. 단언할 수 있는 것은, 뮤온은 무거운 입자일 뿐 현재 인류가 만든 이론이 작동하는 데는 완전히 불필요한 존재다.

뮤온은 어떠한 원자에도 포함되어 있지 않다. 약 200만분의 1초만 지속될 정도로 수명이 짧기 때문이다. 뮤온은 우주에 있지만 뚜렷한 존재의 목적이 없다. 노벨상 수상자 이지도어 라비Isidor Rabi는 누구도 찾지 않고, 예측하지도 못했던 새로운 장이 있다는 이야기를 듣고 깜짝 놀라며 "누가 주문했어?"라고 외쳤다.[1] (완성되었다고 생각한 입자 세계에 불청객 '뮤온'이 등장하면서 느끼게 된 당혹감이 마치 주문하지 않은 음식이 나왔을 때의 기분과 같았기 때문이다 - 옮긴이)

뮤온은 너무 무거워서 에너지가 높다. 강하게 퉁긴 기타 줄이 점차 부드럽게 진동하듯, 빠르게 요동치는 뮤온장이 전자장으로 에너지를 전달하면서 무거운 뮤온 입자는 가벼운 입자로 축퇴한다 (다른 멋진 표현으로, 뮤온이 전자가 된다고 말한다).

그 후 1974년에 마틴 펄Martin Perl이 훨씬 더 무거운 전자인 타우온tauon(흔히 타우라고 부른다)을 발견했는데, 이 입자는 전자보다 무게

가 3,500배 더 무겁고, 수명은 훨씬 더 짧다.[2]

전자와 양전자는 유일무이한 입자가 아니었다. 전자, 뮤온, 타우온 및 이들의 반물질 쌍둥이들로 구성된 입자족particle family 중에서 가장 가벼운 입자들이었다. 이 여섯 입자는 한데 묶어 그리스어로 작다는 의미를 지닌 단어 렙토스leptos에서 유래한 명칭인 '렙톤lepton'이라 부르고, 에너지적으로 조금 불안하다.

과거 인류는 물리학의 모든 법칙이 생명의 발생과 성장에 어떤 식으로든 관여한다고 상상한 적 있었다. 뮤온과 타우온의 발견은 그러한 인류의 옛 관점을 향해 내민 도전장이었다. 자연이 때때로 우리에게 아무런 의미 없는 일을 한다는 것을 보여주었기 때문이다. 생명체는 뮤온과 타우온 없이도 잘 살아간다. 두 입자가 무엇을 위해 존재하든 간에, 우리는 그들을 필요로 하지 않는다.

뮤온과 타우온에는 피라미드 내부 탐사처럼 소수의 사람만 아는 쓰임새가 있지만(이들 입자는 전자보다 무거워서 더욱 깊게 침투한다), 그것을 제외하면 자연이 아무런 이유 없이 전자를 세 쌍으로 복제한 것처럼 보인다. 그런데 자연의 복제품은 렙톤으로 끝나지 않는다.

입자 동물원

우주선cosmic ray을 구성하는 입자들은 대부분 지구 대기와 상호작용하고, 지표면으로 도달하지 않기 때문에 거의 발견되지 않는다. 물리학자 세실 파월Cecil Powell은 그 입자들을 좀 더 제대로 파악하기 위해 안데스산맥 꼭대기에 입자 탐지기를 여러 개 설치하고 어떤 물질이 내려오고 있는지 관찰했다. 그리고 1947년 산맥 고지대에서 파이온pion이라는 입자를 발견했는데, 이 입자는 중성자와 전하는 같지만 질량은 가벼웠다.

몇 달 후 클리퍼드 버틀러Clifford Butler도 비슷한 방법으로 케이온kaon 입자를 발견했다. 그리고 1950년 인류는 무거운 양성자처럼 행동하는 람다lambda 입자를 발견했다. 이후에는 크시xi, 에타eta, 오메가omega 입자가 발견되었으며, 1960년대 초까지 새로운 입자 400여 개가 추적되었다.[3]

처음 만나는 무단 침입자들이 5분마다 지구로 들어오면서 인류가 잘 정돈해두었던 수집품 목록이 뒤죽박죽되는 듯했다. 로버트 오펜하이머는 새로운 입자를 발견하지 못한 물리학자에게 노벨상을 줘야 한다고 말했고,[4] 엔리코 페르미Enrico Fermi는 "내게 이 새로운 입자들의 이름을 전부 기억할 능력이 있었다면, 식물학자가 되었을 걸세!"라고 말하며 불만을 표했다.[5]

양자장 이론은 수학적으로 복잡하긴 하지만, 물리학의 기본 법칙을 설명하면서 우아함을 유지해야 했다. 하지만 뒤죽박죽인 입자들은 그러한 우아한 초상화를 그리지 못했다.

이는 한 세기 전 화학계에서 일어났던 일을 연상시켰다. 새로운 화학 원소들이 다양한 특성과 함께 발견되면서 혼란스러워진 상황은 원자가 오늘날 우리에게도 친숙한 양성자, 중성자, 전자 등 더 작은 입자들로 구성되어 있다는 사실이 밝혀지면서 비로소 해결되었다. 물리학자들은 입자에도 그와 비슷한 일이 일어나기를 바랐다.

입자 동물원에 400여 종의 입자들이 마구 뒤섞여 있었다. 파인먼이 전자와 광자에 대한 우리의 지식 체계에 질서를 부여한 것처럼, 누군가가 혼돈 속에서 패턴을 찾아야 할 때였다. 이 상황에 딱 맞게, 어찌 보면 아이러니하게 그 기념비적인 일을 해낸 인물은 파인먼의 라이벌 머리 겔만Murray Gell-Mann이었다.

겔만의 사무실은 파인먼 사무실 맞은편에 있었는데, 그들 사이에는 종종 긴장감이 감돌았다. 아마도 두 사람 모두 노벨상을 받으면서 상황은 악화되었을 것이다.

파인먼은 파티를 즐기는 연예인으로서 여성들과 시간 보내기를 즐겼으며(그는 세 번 결혼했다), 독서는 귀찮아서 거의 하지 않았다. 겔만은 15세에 예일대에 입학하고, 다양한 언어를 구사하고, 언어학과 고고학 논문을 읽으며 시간을 보내는 기품 있는 학자였다. 파인먼이 술집과 클럽에서 인생의 많은 시간을 보낸 것과 달리(그가 술집에서 술은 전혀 마시지 않고 맨정신이었던 것은 주목할만하다), 겔만의 삶은 고요했다.

서로 의견이 충돌하고 생활 방식도 달랐지만, 두 과학자 모두 양성자와 중성자가 입자의 근본은 아니라고 생각했다. 기존 입자보다 더 작은 입자 수십 종류의 발견은 그 작은 입자로 구성된 하부 구조의 존재를 암시했다. 이로써 더 작은 입자를 묘사하는 새로운 양자장 이론을 고안하기 위한 경쟁이 시작되었다.

파인먼은 양성자와 중성자의 하부 구조를 이루는 가상 입자를 '파톤parton'이라 부르며, 그 입자들을 어떻게 관찰할 수 있을지에 대해 많은 연구를 했다. 그러나 이 가상 입자들을 상세하게 기술하는 이론은 겔만에게서 나왔다. 겔만은 가상 입자의 이름으로, 발음할 때 울림이 좋다는 것 외에 특별한 이유 없이 '쿼크kwork'를 선택했다(전에 쿼크에 관한 글을 읽어본 적 있는데 'kwork' 철자가 틀린 것 같은 느낌이 든다면, 잠시만 기다려라).

겔만은 발견한 다양한 입자들의 질량, 전하, 스핀, 수명을 분석한 뒤, 그 모든 입자 특성이 위·아래로 구별되는 두 쿼크의 조합으로 설명된다고 밝혔다.

위 쿼크는 +⅔ 양전하, 아래 쿼크는 -⅓ 음전하를 지닌다. 만약 두 개의 위 쿼크와 한 개의 아래 쿼크를 결합하면, +⅔, +⅔, -⅓이 더해져 +1의 양성자를 얻는다. 하나의 위 쿼크와 두 개의 아래 쿼크를 결합하면 +⅔, -⅓, -⅓이 더해져 0이 되면서 중성자를 얻는다.

세 개의 위 쿼크가 결합하면 델타delta 입자가 된다. 위 쿼크와 반아래 쿼크가 하나씩 결합하면 파이온 입자가 된다. 입자 동물원은 잘못된 생각이었으며 양성자와 중성자는 기본 입자가 아닌 복합 입자였다. 쿼크가 중요한 이유는 그들이 물질을 구성하기 때문이다.

앗, 반중성자 만드는 방법을 설명하겠다. 일반 중성자에는 전하가 없지만, 그 중성자를 구성하는 성분인 쿼크는 그렇지 않다. 반위 쿼크 한 개와 반아래 쿼크 두 개를 합치면 0이 되면서, 일반 중성자가 아닌 반중성자의 전하도 0으로 만든다. 흥미롭지 않은가?

갈매기 울음소리

어느 날 저녁 아일랜드 소설가 제임스 조이스James Joyce의 소설 《피네간의 경야Finnegans Wake》를 읽던 중, 겔만은 '마크 왕을 위해 세 번 쿼크'라는 문구로 시작되는 시를 우연히 발견했다.

입자들이 종종 셋으로 짝을 이룬다고 겔만이 제안한 내용과 유사하게, 어떠한 존재가 셋으로 짝을 이룬 상태를 표현한 그 말도 안

되는 단어 '쿼크quark'를 보고 겔만은 충격을 받았다. 이 단어의 철자는 그가 미리 정해두었던 발음과 일치했고, 그때부터 겔만은 쿼크라는 명칭을 쓰기 시작했다. 아마 조이스는 마크Mark와 운율을 맞추려고 쿼크quark라는 단어를 만들었겠지만, 겔만은 쿼츠quartz와 운율을 맞추려 했다.[6]

시에서 그 단어는 갈매기가 내는 울음소리로, 겔만이 살았던 캘리포니아에서는 갈매기가 '콰크kwark'가 아니라 '쿼크kwork'라고 우는 것으로 추정된다.

영국 사람은 갈매기 울음소리를 보통 '콰크'라고 발음하지만, 겔만이 원하는 발음은 그게 아니었다. 그러니 여러분은 '쿼크'라고 부르든지, 아니면 '콰크'라고 발음하는 대신 캘리포니아 갈매기의 분노를 마주해야 한다.

입자 이름을 새 울음소리에서 따오는 것이 물리학 분야에서 아주 이상한 방식은 아니다. 물리학자 앨런 구스Alan Guth는 자신이 고안한 가상 입자에 우주 팽창 능력을 뜻하는 '인플라톤inflaton'이라는 이름을 붙였고, 프랭크 윌첵Frank Wilczek은 고안한 입자에 세탁 세제 브랜드명을 따서 '액시온axion'이라 이름 지었다.[7]

다채로운 색상의 언어

쿼크는 겔만이 개념을 제안하고 수년이 지난 후 렙톤(전자, 뮤온, 타우온)을 중성자에 쏘아 경로를 추적하는 실험 도중 발견되었다. 중성자가 '중성자장'의 단일 물질 덩어리라면, 전자는 날카로운 각도로 튕겨 나올 것이다. 그런데 겔만이 예상한 대로 중성자가 하위 입자인 쿼크로 구성되어 있다면, 렙톤은 쿼크의 부분 전하에 의해 궤도를 벗어나며 굴절될 것이다.[8]

실험 결과는 겔만의 예측과 일치했고, 그 과정에서 새로운 종류의 입자와 핵을 다루는 양자장 이론이 제안되었다.

양성자와 중성자는 세 개의 쿼크로 이루어져 있는데, 하이젠베르크의 불확정성 원리에 따르면 그 주변으로 수천 개의 가상 쿼크가 생긴다. 여기서 일정하게 유지되는 세 개의 쿼크를 '드러난 쿼크valence quarks'라 부르며 이들이 입자의 전체적인 정체성을 결정한다.

쿼크에는 전하가 있으므로 광자장과 상호 작용한다는 것은 안다. 하지만 양전하인 두 개의 위 쿼크가 왜 서로 밀어내지 않는지는 의문이다. 또, 같은 전하를 지닌 두 개의 입자는 절대로 붙어 다니지 않는다. 그런데 왜 모든 원자의 핵은 형성되는 순간 저절로 산산조각 나지 않는지 궁금해진다.

일본 물리학자 유카와 히데키湯川秀樹는 전자기력보다 훨씬 강하고, 양성자와 중성자를 한데 묶을 뿐만 아니라 양성자를 하나의 입자로 유지해주는 힘을 제안했다. 이 힘은 상당히 강해서 전하 반발력도 이겨낼 수 있으므로, 유카와는 그 힘에 (이름 듣기 전에 마음의 준비를 하도록) '강력strong force'이라는 이름을 붙였다.

전자기력과 강력은 힘의 규모에 어마어마한 차이가 있다. 전자기적 상호 작용은 원자 주위의 전자를 이동시키거나 화학 반응, 이를테면 불을 붙이는 반응을 일으킨다. 반면 강력에서 비롯된 에너지는 원자핵 중심부에서 움직이는 양성자, 중성자와 관련 있다. 강력은 핵폭발을 일으킨다.

전자기력은 모두 입자가 광자장에 결합하고 가상 광자를 통해 소통하는 것과 관련된다. 그러니 논리적으로 강력도 쿼크가 결합할 수 있는 고유의 장을 가져야 한다. 겔만은 이를 글루온장gluon field이라 불렀다. 알다시피, 강력은 접착제glue니까.

그럼 이제 글루온장에 어울리는 특성이 필요하다. 입자가 광자장에 결합하는 능력을 우리는 전하라고 부른다. 겔만은 쿼크가 글루온장에 결합하도록 해주는 특성의 명칭을 정해야 했다. 그리고 그는 이해에 별 도움이 되지 않는 '색colour'이라는 이름을 선택했다.

'끈끈함'이라 이름 붙였다면 더욱 직관적으로 느껴지겠지만, 겔만이 명칭을 '색'으로 정한 데는 이유가 있었다. 두 종류로 구분되는 전하(양전하, 음전하)와 달리, 색은 빛의 삼원색 덕분에 세 종류로 연상된다.

빨간색, 녹색, 파란색 세 가지 '색' 쿼크는 글루온을 매개로 결합하며, 이들의 색은 양성자나 중성자를 만들면서 '흰색'으로 상쇄된다. 쿼크는 이름 그대로 빨간색, 녹색, 파란색이 아니다(실제로 쿼크는 색이 없다. 부록 V 참조). 하지만 일반적으로 쿼크를 그릴 때면 색을 칠해서 우리에게 심각한 혼란을 불러일으킨다.

파인먼의 전자와 광자에 관한 양자장 이론은 양자전기역학이었으므로, 겔만은 쿼크와 글루온을 다루는 자신의 이론에 색상을 의미하는 그리스어 '크로마chroma'를 따서 '양자색역학quantum chromodynamics'이라는 이름을 붙였다.

우리가 이런 식으로 갇혔군

쿼크를 다루는 겔만의 QCD 이론과 다르게, 렙톤을 다루는 파인먼의 QED 이론은 모든 것을 정반대로 뒤집어서도 기술할 수 있다. 인력과 척력, 양전하와 음전하, 물질과 반물질 등 모든 대상을 방정식과 다이어그램을 뒤집어 처리한다. 그러나 강력의 경우 쿼크에는 세 종류의 색이 있기 때문에 뒤집는 방식으로 설명할 수 없다. 심지어 '반대opposite' 개념은 세 종류인 대상에 적용조차 할 수 없다.

게다가 반물질 쿼크는 반빨간색, 반파란색, 반녹색이라는 반색 anti-colours을 띠므로 QCD가 이치에 맞는다면 색은 여섯 종류로 구분된다. 전하는 광자가 거동한 결과이지만, 글루온은 다르다. 글루온에는 겔만이 합리적으로 해석해야 할 특이한 (혹은 쿼크스러운 quarky) 거동 방식이 있었다.

파인먼 다이어그램보다 좀 더 복잡하고, 색의 교환을 표현할 수 있는 도표가 필요했다.

전자와 양전자는 전하를 유지하지만, 쿼크는 앞뒤로 놓인 다른 쿼크와 색을 바꿀 수 있다. 빨간색과 파란색 쿼크 두 개가 있다고 치자. 글루온장은 두 쿼크의 색을 교환해주므로 빨간색은 파란색, 파란색은 빨간색이 된다.

QCD 다이어그램은 글루온을 표현하기 위해 스프링처럼 꼬인 선을 사용하며 두 쿼크 사이의 상호 작용을 다음과 같이 표현하고 계산한다.

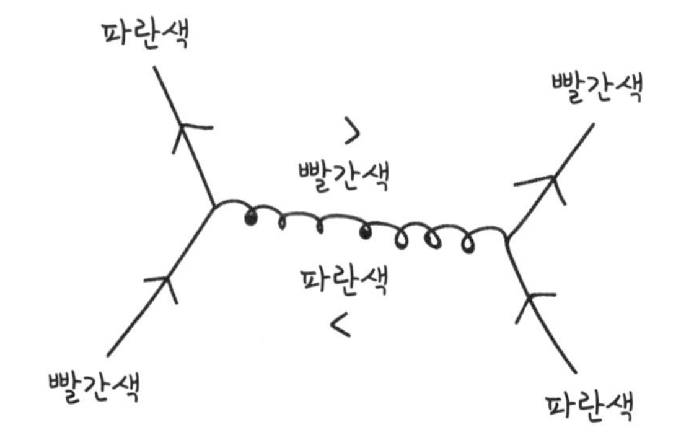

두 쿼크 사이에서 글루온은 파랑 색전하를 왼쪽으로, 빨강 색전하를 오른쪽으로 운반하는데, 이는 양쪽을 오가는 가상 글루온들이 여러 색으로 이루어져 있음을 알려준다.

이러한 색의 교환은 전자기력이 상대를 끌어당기고 밀어낼 수 있는 반면 강력은 상대를 끌어당기기만 하는 이유를 설명해준다. 가상 글루온은 색이 다양해서 각 말단에는 항상 쿼크가 있어야 하기 때문이다. 정의상 글루온은 한 쿼크에서 다른 쿼크로 색을 전달하므로, 쿼크 중 하나를 삭제하면 어느 한 색전하가 글루온에 남지만, 그 색전하를 둘 곳이 없게 된다.

쿼크가 지닌 색은 쿼크와 글루온장의 결합을 설명하는 방식으로, 쿼크는 '글루온을 매개로 다른 쿼크와 결합'하는 특성을 지녔기에 단독으로 존재할 수 없다. 즉, 강력은 언제나 상대를 끌어당긴다.

이러한 특성을 지칭하는 용어가 '쿼크 갇힘quark confinement'이다. 쿼크는 언제나 두 개(메손meson), 세 개(바리온baryon), 네 개(테트라쿼크tetraquarks) 등 짝지은 상태로 발견된다. 변태 물리학자들이 짝짓지 않은 있는 그대로의naked 쿼크를 잠시만이라도 보려고 필사적으로 노력했지만 결국 볼 수 없었다.

우리는 양 끝에 쿼크 두 개(메손)가 매달려 있는 글루온 가닥을 가져다 끊어질 때까지 자기장 안에서 빙글빙글 돌려볼 수도 있다.

그러나 아쉽게도 강력한 에너지의 영향으로 글루온이 끊어져도 그 에너지가 쿼크장에 즉시 전달되면서 끊어진 글루온 양 끝에 새로운 쿼크가 생성된다. 그러면서 메손 하나가 두 개로 증가한다. 우리가 일부러 쿼크를 떼어내려 해도, 쿼크는 그런 상태로 존재하려 하지 않는다.

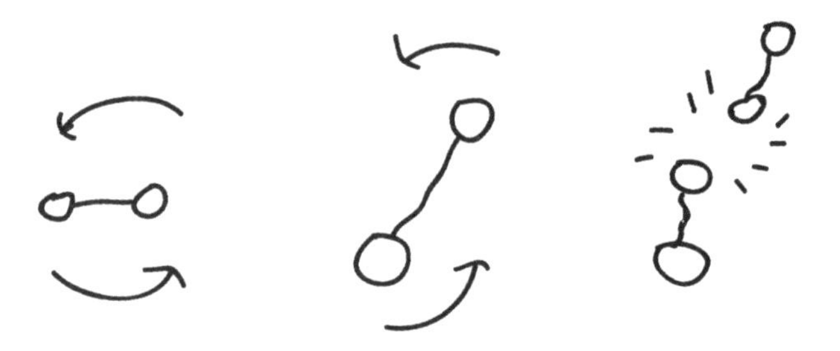

파인먼의 QED 이론에서 광자는 전하를 띠지 않지만(광자가 전하를 일으킨다), 겔만의 QCD에서 글루온은 쿼크뿐 아니라 색도 가진다. 이는 글루온이 알록달록한 양자를 마음껏 교환하면서 스스로 상호 작용한다는 것을 의미한다.

과거에는 양성자의 구조로 쿼크 세 개 사이에서 움직이는 글루온들이 삼각형을 이룬 모습을 떠올렸다. 반면 오늘날에는 글루온끼리 상호 작용 하고 달라붙는 특성을 감안하여 쿼크 세 개 사이에 Y자 형태의 글루온 끈이 있다고 생각한다.

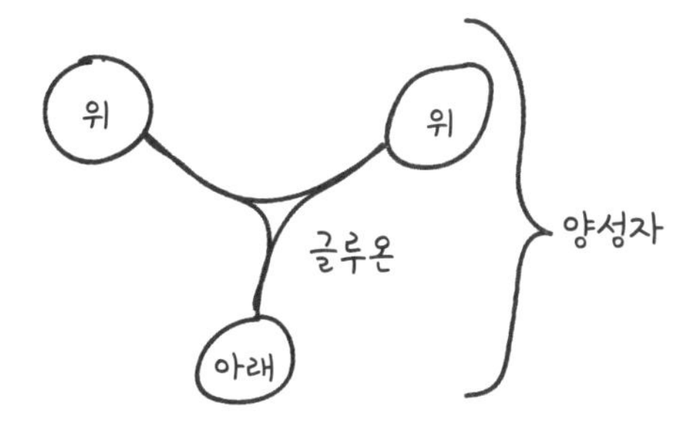

이는 글루온이 쿼크 없이도 뭉칠 수 있음을 의미하며, 글루온-글루온으로 얽힌 새 둥지 구조를 글루볼glueball 입자라 부른다.

이 같은 복잡한 사항들이 더해지면서 어떤 면에서는 QCD가 파인먼의 QED보다 더 인상적이지만 난해한 이론이 된다. QCD보다 훨씬 우아한 QED는 한 종의 교환 입자만 필요로 하지만, QCD는 여러 종의 교환 입자(글루온의 색 교환을 전부 조합하면 여덟 종)가 필요하다. 쿼크는 두 종류밖에 없어서 다행이다. 그렇지 않은가?

기묘하게 매혹적인

겔만의 위·아래 쿼크는 정말 대단하다. 쿼크를 알맞게 결합하면 입자 동물원에 서식한다고 알려진 거의 모든 입자를 설명할 수 있다. 앞 문장에서 핵심 단어는 '거의'이다.

케이온 입자는 위·아래 쿼크의 조합으로 기술할 수 없다. 이 입자는 더 무거운 버전의 아래 쿼크에 결합한 위 쿼크처럼 거동한다.

전자와 비슷하지만 그보다 훨씬 거대한 입자인 뮤온, 타우온이 존재하는 상황을 볼 때, 겔만은 아래 쿼크도 그래야 한다고 생각했다. 케이온 입자의 거동은 분명 기묘했다. 그래서 겔만은 세 번째 쿼크를 '기묘strange'라 명명하고, QCD에 필요한 쿼크 목록을 아래와 같이 제시했다.

위	
아래	기묘

자, 목록을 살펴보자.

겔만은 복잡한 수학을 풀어 위·아래 쿼크를 예측했다. 하지만 목록에 무언가가 빠져 있다는 걸 확인하는 데 노벨상 수상자가 필요치는 않다. 아래 쿼크가 더 무거운 짝입자를 갖는다면 위 쿼크도 짝입자를 가질 것 같지 않은가? 네 번째 쿼크가 빈칸을 채운다면 목록이 훨씬 깔끔하고 예뻐지지 않을까?

물리학자 셸던 글래쇼Sheldon Glashow는 네 번째 쿼크도 존재할 것이라 확신하고, 어떠한 특성을 가질지 예측했다. 네 번째 쿼크의 존재를 암시하는 몇몇 작은 증거가 있긴 했으나(케이온 입자 K^+, K^0는 겔만의 세 쿼크 이론이 예측했음에도 일어나지 않았던 방식으로 더 가벼운 입자로 붕괴할 것이라 예상되었다), 글래쇼는 우주가 아름다운 형태를 갖추고 있어야 한다는 직감에 크게 의존했다.

과학자는 대부분 증거가 뒷받침되지 않은 아이디어는 받아들이지 않는 냉철한 회의론자이지만, 때로는 인간으로서 희망을 품는다.

글래쇼는 자연이란 근본까지 아름다운 존재이기에 이 매혹적인charm 자연이 쿼크를 대칭으로 완성했으리라 생각하면서, 존재하기를 바라는 그 입자에 '맵시 쿼크charm quark'라는 이름을 붙였다. 낙관적이었던 그는 마침내 1974년 맵시 쿼크를 발견하는 수확을 얻었다. 자연은 스스로 무엇을 하고 있는지 알고 있을 것이라는 희망을 갖게 하는 사건이다.

3은 마법의 숫자다…… 분명히

1973년 아서 C. 클라크Arthur C. Clarke가 발표한 명작 SF 소설《라마와의 랑데부Rendezvous with Rama》에서 인류는 버려진 외계 구조물을 발견한다. 그것은 숫자 3에 집착하는 외계 종족이 만든 것이었다.

구조물 안에는 팔다리 세 개를 지닌 외계인의 옷과 3의 배수로 지은 내부 구조가 있었으며, 그 신비한 외계종이 내린 결정들은 세 번씩 반복되는 듯 보였다. 그런데 자연에도 이와 비슷한 강박관념이 있다.

맵시 쿼크가 입증되기 1년 전이자 《라마와의 랑데부》가 출간된 해인 1973년에 고바야시 마코토小林誠는 한 걸음 더 나아가 대칭성에 관한 아이디어를 냈다. QED에 세 가지 물질 입자인 전자, 뮤온, 타우온이 있듯이, QCD에도 유사한 경향이 반복되어야 한다는 주장이었다.

위 쿼크의 무거운 동생이 매력 쿼크, 아래 쿼크의 무거운 동생이 기묘 쿼크였다. 그다음 3세대도 존재할까? 손해 볼 것 없다고 생각한 고바야시는 예상하는 거대한 쿼크에 '바닥bottom'과 '꼭대기top'이라는 이름을 붙이며 쿼크 세트를 완성했다. 두 쿼크는 1977년과 1995년에 각각 발견되었다.

《라마와의 랑데부》 결말에서 인류는 외계인이 누구였는지, 그들은 왜 모든 것을 셋씩 짝지었는지에 관한 여러 질문을 남긴다. 입자물리학에도 같은 의문이 존재한다.

쿼크와 렙톤은 왜 각각 삼형제로 존재할까? 아무도 모른다. 그들에게 네 번째 형제는 존재하지 않는 것일까? 아무도 모른다. 삼형제는 세 가지 색과 연관성이 있을까? 아무도 모른다. 아마도 언젠가 우리는 글루온 끈이 빚어낸 쿼크 갇힘을 극복하고, 단일 쿼크의 거동을 탐구해 더 많은 통찰을 얻을 것이다.

어쩌면 홀로 존재하는 맵시 쿼크, 기묘 쿼크, 위 쿼크를 손에 넣을지 모른다. 그리고 아주 운이 좋다면 단일 바닥 쿼크까지 살짝 엿볼 수 있을 것이다.

14장

여보, 내 힉스 보손 어디 있어?

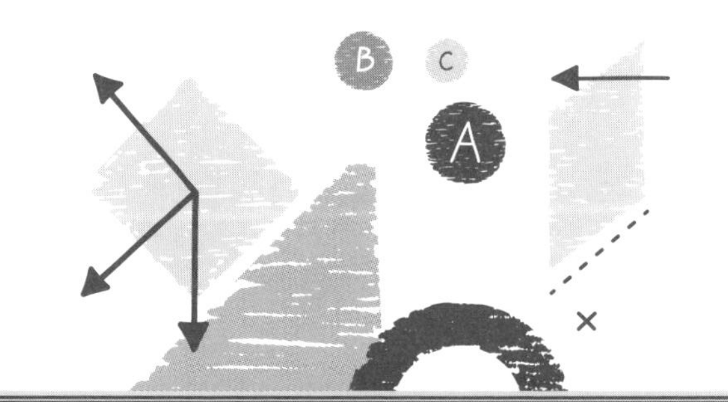

물리학의 여왕

2012년 7월 4일, 전 세계 언론사가 과학계의 기념비적 성과를 발표했다. 영국 신문 〈인디펜던트The Independent〉 1면 헤드라인은 "과학자들이 신의 입자가 존재함을 증명하다"였으며, CBC 뉴스는 '입자물리학이 잃어버렸던 초석'이 발견되었다고 보도했다. 〈뉴욕 타임스〉는 "물리학자들이 우주 탄생의 열쇠로 보이는 입자를 발견하다"라는 기사를 실었다.

이 놀라운 성과는 찾기 힘들 것으로 예측되었던 힉스 보손Higgs boson의 발견이었다. 많은 사람이 그 시끌벅적한 사건을 설명하는 뉴스를 검색했지만, 힉스 보손은 상당히 복잡해서 뉴스 한 꼭지 분량으로는 요약할 수 없다.

힉스 보손이 이해하기에 너무 복잡한 나머지 1993년 영국 과학

부장관 윌리엄 월그레이브William Waldegrave는 힉스 보손을 종이 한 면에 요약하는 영국 과학자에게 주겠다며 샴페인 한 병을 걸었다.[1] 요약이 지금 우리가 할 일은 아니지만(나는 밀크셰이크를 더 좋아한다), 힉스란 무엇인지 감을 잡아보도록 할 것이다.

중요한 점은 힉스 보손이 거의 50년 전에 물리학자들이 한 예측을 입증한다는 것이다. 이를 위해 지금까지 만들어진 기계 중 가장 큰 '거대 강입자 충돌기Large Hadron Collider'의 건설이 필요했다.

그런데 힉스 보손 발견에 그토록 힘써야 한다는 것을 우리는 어떻게 알았을까? 나는 지금 당장 티몬이라는 입자를 고안할 수 있다. 이 입자는 지루한 영화를 보는 도중 시계를 보도록 여러분을 조종한다. 과연 우리는 티몬을 찾기 위한 기계를 건설할까?

생각해보자. 이론물리학자들은 어느 가설에 연구할만한 가치가 있는지 어떻게 알아낼까? 입자와 입자장, 그리고 그들 사이의 상호작용은 너무 많은데 누군가 제안한 방정식이 이치에 맞는지 어떻게 알 수 있을까? 새로운 물리학 법칙을 만드는 과정에 기반이 되는 법칙이 있을까?

답은 '그렇다'이다. 그 궁극의 법칙은 역사상 가장 탁월한 물리학자였으나 충격적일 정도로 이름이 알려지지 않은 물리학자가 세웠다. 아말리에 에미 뇌터Amalie 'Emmy' Noether.

뇌터는 20세기 초 독일 에를랑겐대학에서 청강 허가를 받은 두 여성 중 한 명이었는데, 듣고 싶은 수업이 있을 때마다 강사에게 허락을 받아야 했다. 믿거나 말거나, 뇌터의 성별은 그녀가 수학 공부하는 것을 막지 못했고, 뇌터가 발표한 탁월한 논문은 존경받는 수학자 다비트 힐베르트David Hilbert의 관심을 끌었다.

뇌터는 힐베르트의 도움을 받아 괴팅겐대학에서 강사 자리를 얻을 수 있었고, 그 대학의 유일한 여성 직원이 되었다. 직책상 무보수로 일해야 했으며 힐베르트의 이름으로 된 강의에서만 가르칠 수 있었으나, 어쨌든 그녀는 학계에 발을 들여놓았다.[2]

마침내 상황이 반전된 것은 뇌터가 이론물리학에서 가장 중요한 지침이 되는 원리인 '뇌터의 정리Noether's theorem'를 고안한 이후다. 어떤 면에서는 애석한 일이지만, 여성인 뇌터가 다른 학자와 동등한 대우를 받으려면 세상의 모든 남성 물리학자로부터 승리를 거두어야만 했다. 그런 상황은 그녀를 더욱 강하게 만들었다. 남성 물리학자들에게 충분히 인정받지 못했던 뇌터는 QED와 QCD의 주춧돌로 작용하며 학계에 광범위한 영향을 준 뇌터의 정리를 발표해 모든 남성 물리학자들보다 한 수 위임을 보였고, 아인슈타인조차 규명하지 못한 상대성이론의 퍼즐을 풀었다.

뇌터의 정리는 물리학자들이 '대칭성'이라 부르는 개념을 발견한 것이다. 사람들은 그 개념을 막연하게 생각해왔다. 어떠한 사건이나 입자를 연구할 때 우리는 운동에너지(이동)와 위치에너지(장에서의 위치)를 알려주는 방정식을 쓴다. 이 두 에너지의 차이를 라그랑지안Lagrangian 또는 라그랑주 함수라 하는데 모든 물리학 법칙에 이 개념이 포함되어 있다.

우리는 연구하는 대상이나 조건을 언제든지 바꿀 수 있다. 강한 자석 근처에서 실험하거나 입자의 질량을 변화시킨다면, 라그랑지안은 그대로이거나 변화할 것이다. 우리가 일으킨 변화가 라그랑지안을 바꾸지 않는다면 모든 방정식도 같은 형태로 남을 것이며, 우리는 이 상황을 이론에 '대칭성이 있다'라고 표현한다. 그런데 우리가 일으킨 변화가 라그랑지안에 변화를 준다면 방정식 역시 변화할 것이고, 우리는 그 이론에 '깨진 대칭성broken symmetry이 있다'라고 말한다.

뇌터의 정리는 이론에 대칭성이 있다면, 입자에도 마찬가지로 보존되는 특성이 있어야 한다고 말한다.

가령 여러분이 입자를 들고 살펴보다가 오른쪽으로 1미터 이동했다고 치자. 입자도 여러분과 함께 이동할 것이다. 여기서 우리의 이론에는 위치 대칭성이 있다.

뇌터의 정리에 따르면 이 같은 위치 변화는 추진력이 있는 입자가 한 장소에서 다른 장소로 이동한 결과인데, 추진력은 보존되어야 하며 생성·파괴될 수 없다. 또 서로 충돌하는 입자들은 상대에게 운동량을 전달하지만, 충돌 전후의 운동량 총량은 어떠한 일이 있어도 보존된다.

뇌터의 정리는 또한 우리가 시간의 흐름에 따라 입자를 전진시켜도 물리 법칙은 변화하지 않는다고 말한다. 물리 법칙은 시간에 대칭적이므로 그 시간 흐름을 따라가며 보존되는 특성이 있어야 하는데, 그 특성이 에너지인 것으로 밝혀졌다. 에밀리 뒤샤틀레가 에너지는 생성·파괴되지 않는다는 것을 이미 증명했지만, 뇌터의 정리가 보다 근본적인 근거를 제시했다.

전하도 마찬가지로 보존량이며 입자의 파동함수가 진동하는 과정에서 발생한다. 그래서 빛을 구성하는 광자는 언제나 물질과 반물질 입자를 동시에 생성한다. 전하가 보존량이므로, 전하를 지니지 않는 광자는 전자를 생성할 때마다 반전자도 생성해 전체 전하를 0으로 유지한다. 이들은 보존량의 일부 사례에 불과하다.

뇌터의 정리는 물리 법칙의 테두리 안에서 우리가 변화시킬 수 있거나, 그럴 수 없는 특성이 무엇인지 가르쳐준다. 따라서 양자장 이론이 어떻게 작동해야 하는지 알아내려 한 디랙, 파인먼, 겔만에게는 뇌터의 정리가 꼭 필요했다. 뇌터가 물리학 법칙을 떠받치는 법칙을 가르쳐주었으며, 그 법칙이 얼마나 중요한지는 아무리 과장해도 지나치지 않다.

하지만 안타깝게도 뇌터는 유대인이었기 때문에 나치즘이 대두되는 동안 독일에서 추방당해 미국으로 이주했다. 그런데 이주한 뒤에 그녀를 여왕처럼 생각하고 좋아해주는 과학계로부터 받아들여졌다는 긍정적인 측면도 있다. 많이 늦긴 했지만 뇌터는 인정받게 되었으며 그녀가 세상을 떠난 뒤 아인슈타인은 〈뉴욕 타임스〉 부고문에서 "여성이 고등교육을 받기 시작한 이래 가장 훌륭한 천재 수학자"라고 평가했다.[3]

침착해, 꼬마야

뇌터의 정리에 등장하는 보존량 중 하나가 렙톤수lepton number이다. 렙톤수를 알아내는 과정에 로켓 과학은 필요하지 않다. 우주에서 렙톤수는 그대로 유지되기 때문이다. 이것이 뇌터의 대칭 법칙인데, 이론상 지나치게 대칭적인 듯 느껴진다. 이는 깨진 대칭과 연관된 현상 하나가 알려져 있기 때문이다.

그 현상은 마리 퀴리(물리학의 또 다른 여왕)가 발견한 베타 붕괴이다. 베타 붕괴는 불안정한 핵의 중심에서 양성자가 중성자로, 혹은 중성자가 양성자로 바뀌면서 발생한다. 베타 붕괴가 일어나는 동안 전자는 원자 밖으로 방출되며, 그 방출된 전자가 방사능으로 측정된다.

뇌터의 정리 관점에서 베타 붕괴는 전하가 보존되므로 이치에 맞는다. 중성자가 양성자로 바뀐다면 음전자가 생성될 것이다. 그런데 렙톤수가 보존되어야 한다는 관점에서 본다면, 기존에는 전자가 없던 곳에 전자가 발생하면서 법칙을 위배하는 것이 아닐까?

이를 두고 볼프강 파울리(드브로이의 길잡이 파동을 격추한 인물)는 또 다른 입자가 생성되어야 하는 것은 아닌지 의문을 제기했다. 전하가 없는 반렙톤 입자.

엔리코 페르미는 이 가상 입자를 '작은 중성 입자'라는 뜻으로 '중성미자neutrino'라 불렀으며, 사람들은 뇌터의 법칙이 맞는지 확인하기 위해 25년 동안 그 입자를 사냥했다. 불행히도 중성미자는 물리학에서 알려진 입자 중에서 눈에 가장 띄지 않고 상호 작용도 없는 입자이기 때문에 쉽게 발견되지 않았다.

태양의 중심부에서 양성자가 중성자로 변하는 과정 도중 생성된 중성미자를 생각해보자. 광자는 태양 중심에서 표면에 도달하는 데 1만 년 정도 걸리며, 그사이 마주치는 모든 입자에 흡수되었다가 다시 방출된다. 반면에 중성미자는 광자와 동일한 여행을 23초 안에 끝마친다.

태양에서 생성된 중성미자는 끊임없이 지구를 공격하고 있으며, 그들 중 거의 대부분이 거침없이 지구 전체를 관통한다. 이 문장을 읽는 중에도 대략 650억 개의 중성미자가 여러분의 새끼손가락 끝을 통과했다.

탐지하기 전부터 전혀 흥미가 생기지 않는 대상을 탐지하는 장치를 만들기란 쉽지 않다. 세계에서 가장 큰 중성미자 검출기는 일본 히다시 인근에 있는 슈퍼가미오칸데Super-Kamiokande, 슈퍼-K로 산지의 지표면에서 1킬로미터 아래에 세웠다(우주선cosmic ray을 걸러내기 위해).

슈퍼-K에는 5만 톤짜리 초순수 탱크가 있으며 매초 중성미자 수조 개가 그 탱크를 통과하지만, 대부분은 아무 일도 일어나지 않는다. 그런데 중성미자가 이따금 전자와 부딪힐 때면 그 과정에서 방출되는 희미한 빛이 우리에게 감지된다.

중성미자는 실제 존재하는 입자로 밝혀졌으며, 따라서 렙톤수는 보존된다. 이 사실은 확인하는 데 25년이나 걸렸지만 뇌터의 정리가 옳다는 것을 증명한 우아한 증거이다. 아, 그리고 예상하듯이 중성미자는 전자-중성미자, 뮤온-중성미자, 타우온-중성미자 삼형제로 존재한다.

약력의 징후

중성미자가 거의 상호 작용하지 않는 이유는 고유 특성이 매우 적고, 우리가 잘 알고 있는 장과 결합하지 않기 때문이다. 중성미자는 색이 없어서 글루온장과 소통하지 않으며, 전하가 없어서 전자기장(광자장)과 소통하지 않는다.

그러나 중성미자는 이따금 전자와 상호 작용할 것이다. 또 우리는 위 쿼크가 아래 쿼크로 바뀔 때 양전자를 방출한다고 알고 있는데, 그 과정에 쿼크는 어떠한 장과 분명 상호 작용할 것이다. 어떠한 약한 장과. 실제로 그 장을 '약장weak field'이라 부른다.

+⅔ 전하의 위 쿼크가 있다. 위 쿼크가 아래 쿼크로 바뀌면 전하는 -⅓이 되는데, 이는 +1 전하를 잃는다는 것을 의미한다. 우리는 언제나 전하가 그대로 유지된다고 생각했지만, 약장은 이 가정을 위반하는 것 같다.

약장은 쿼크로부터 양전하를 띤 가상 '약입자weak particle' 형태로 양전하를 받아 운반한다. 그런데 가상 입자가 지속되는 일은 절대 없으므로, 이 입자는 곧 붕괴되면서 그 에너지를 양전자장과 중성미자장으로 전달하며 전하와 렙톤수를 보존한다. 위 쿼크가 아래 쿼크로 변하는 것은 다음 그림으로 설명할 수 있다.

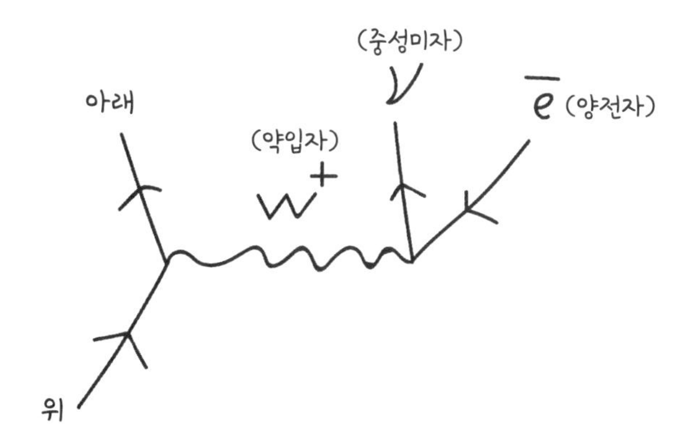

위 쿼크를 시작점으로 아래에서 위로 읽어보자. 위 쿼크는 약장과 결합해 양전하를 띤 약입자(W^+)를 생성하고, 자신은 아래 쿼크로 바뀐다.

이 양전하를 띤 약입자는 붕괴되면서 일반 중성미자(그림에 기우뚱한 V로 표기)와 양전자(위에 짧은 막대가 그어진 전자)를 발생시키며 양전하를 보존한다. 이 과정은 역방향으로도 일어나는데, W^+가 아닌 W^-가 발생하는 점만 제외하면 전부 같다.

여러분은 아마도 이 약장 입자가 광자, 글루온과 비교할만한 멋진 이름을 가지고 있으리라 기대하고 있을 것이다. 하지만 이 단계까지 온 사람들 모두 이름 짓기가 지겨워진 나머지 이 입자를 W 보손W Boson이라고 명명하는 비극이 일어났다. 양전하를 전달하면 W^+, 음전하를 전달하면 W^-이다.

입자가 약장과 결합해 W 보손을 배출하는 특성을 '약한 아이소스핀isospin'이라 부르며 +½와 -½ 두 종류로 구분한다. 쿼크, 렙톤, 중성미자에는 약한 아이소스핀이 있지만 결합상수가 매우 낮아 그 영향력이 거의 관찰되지 않는다.

그렇다면 중성미자끼리 만났을 때는 도대체 어떠한 일이 일어날까? 두 중성미자는 모두 약한 아이소스핀을 가지고 있는데, 이는 그들 사이에 가상 입자가 생성되어야 한다는 것을 의미한다. 그런데 중성미자는 전하를 띠지 않으므로 W^+나 W^-와의 상호 작용으로는 가상 입자가 생성될 수 없다. 그러므로 또 다른 약입자가 존재해야 하며, 이 입자는 전하를 띠지 않아야 한다. 셸던 글래쇼는 그 입자에 Z라는 이름을 붙였는데, 전하가 0(zero)이라는 의미이다. 내 생각에는.

W 보손과 Z 보손은 각각 1973년과 1983년 스위스에 건설된 가가멜 검출기Gargamelle detector에서 관측되었다(가가멜은 프랑수아 라블레François Rabelais의 소설 《가르강튀아와 팡타그뤼엘Gargantua. Pantagruel》에 등장하는 거인의 이름으로, 〈개구쟁이 스머프The Smurfs〉의 무능한 악당 가가멜과는 관련 없다).

W, Z 보손의 발견은 중성미자의 거동을 입증했고, 약장의 존재를 밝혔으며 다시 한번 뇌터의 대칭 법칙이 옳음을 증명했다. 하지만 지금쯤이면 알아차렸겠지만, 양자물리학은 극악무도한 루빅큐브와 같다. 한 부분을 해결하면 다른 부분이 뒤죽박죽된다.

아무런 쓸모없는 아이디어

모든 양자장 이론은 물질 입자(쿼크, 전자, 중성미자), 그리고 물질 입자와 상호 작용하는 힘장force-field 입자(광자, 글루온, W·Z 보손)를 다룬다.

물질 입자는 통틀어서 페르미온fermion이라 부르며 공간을 점유하는 특성이 있고, 힘을 전달하는 입자는 보손boson이라 부르며 서로 겹칠 수 있다.

여러분의 몸은 페르미온(전자와 쿼크)으로 이루어져 있으므로 일정한 부피를 차지한다. 반면 빛은 보손(특히 광자)으로 이루어져 있는데, 그 때문에 영화 속 광선검처럼 쾅쾅 부딪히지 못하고 통과한다. 이런 점에서 보손은 실망스럽다.

입자가 약장과 상호 작용할 때 이따금 전하가 변화하는 것을 보면 약장과 전자기장은 분명 결합한다. 초기에는 약장을 다루는 양자장 이론을 '양자맛깔역학quantum flavour-dynamics: QFD'이라 불렀다. 하지만 약장과 전자기장이 상호 작용하므로 광자와 약한 상호 작용을 모두 포함하는 이론 전체에 '약전자기 이론electroweak theory'이라는 이름을 붙였으며 스티븐 와인버그Steven Weinberg, 압두스 살람Abdus Salam, 셸던 글래쇼가 이 분야 연구로 노벨상을 받았다.

약전자기 이론은 대칭성이 높은 우아한 이론이지만, 광자장과 약장이 극단적으로 다르다는 측면에서 그 우아함은 치명적인 결점이기도 하다.

W, Z 보손이 작용할 수 있는 범위는 좁지만, 광자의 범위는 무한하다. 약력weak force은 세 종류의 입자가 필요하지만, 전자기력은 입자 한 개로도 작동한다. 그리고 W, Z 보손은 질량이 있지만 광자는

질량이 없다는 점에 무엇보다도 높은 '깨진 대칭성'이 있다. 이러한 '깨진 대칭성'은 힘을 전달하고 중첩이 가능한 보손 그 자체가 아닌, 광자장과 약장 사이의 무언가가 원인인 것 같았다.

1960년대 중반, 그에 관한 해답을 세 과학자가 각각 찾아냈다. 로버트 브라우트Robert Brout, 프랑수아 앙글레르François Englert, 피터 힉스Peter Higgs는 렙톤 대칭 문제를 해결한 파울리처럼, 새로운 장과 입자를 도입해 약전자기 이론의 깨진 대칭성 문제를 해결할 수 있다고 말했다.

세 과학자의 주장에 따르면, 우주의 역사가 시작되어 처음으로 불빛이 반짝이며 세상이 창조되었던 순간, 전자기장과 약장은 똑같았다. 그런데 그 이면에는 제3의 장이 숨어 있었고, 그 장의 전원이 켜지자 모든 것이 변화했다.

제3의 장은 정지 상태에서도 장의 값이 0이 아니며 모든 지점에서 실제 값을 갖는다는 측면에서 다른 장과 다르다. 그러한 독특한 특성 덕분에 제3의 장은 다른 장과 구별되는 입자를 만들어낼 수 있었다. 여기서 제3의 장이 만든 양자는 물리학자 제프리 골드스톤Jeffrey Goldstone의 이름을 따서 골드스톤 보손Goldstone boson이라 불리며 주로 약장과 결합한다.

제3의 장이 쓸데없이 나서기 전, 약장 입자들은 광자와 마찬가지로 질량이 없고 작용 가능한 범위도 무한했으나 골드스톤 보손이 약장과 섞이면서 특성이 바뀌어 W^+, W^-, Z가 되었다.

벽에 바른 벽지처럼 이 새롭고도 기이한 장 위에 약장이 조심스럽게 붙어 있는 모습을 상상해보자. 벽면(골드스톤 보손)에는 세 개의 돌기가 돋아나 있는데, 그 돌기들이 약장 벽지를 밀고 나와 입자가 되면 관찰자에게는 세 개의 약장 입자로 보인다.

광자장은 이 새로운 장과 결합하지 않으므로, 광자장 입자들은 그대로 특성을 보존하여 우리에게 익숙한 광자로 남는다. 쾅! 대칭이 성공적으로 깨졌다……. 이 괴상한 장을 찾아낸다고 가정해보자. 그러나 놀랄 것도 없이 그것은 불가능하다.

우주가 탄생한 날 새벽에 새로운 장의 전원이 켜지며 세 종류의 입자가 탄생한다는 아이디어는 색다르지만, 약입자 안에 숨겨진 골드스톤 보손이 겉으로 드러나지 않으므로 검증은 불가능하다.

브라우트, 앙글레르, 힉스는 이 아이디어를 담아 논문으로 제출했지만 모든 저널로부터 거절당했는데, 한 저널은 "물리학과 뚜렷한 관련이 없다"라고 답하기도 했다.[4] 이들 아이디어는 수학적으로 깔끔하지만 검증할 수 없었다. 이에 대해 힉스는 연구진에게 이렇게 투덜댔다고 한다.[5] "내가 이번 여름에 고안한 개념은 아무런 쓸모가 없군."

깨진 거울

이 이야기가 해피엔딩이라는 것은 알고 있으니, 제3의 장을 좀 더 자세히 살펴보는 편이 좋겠다. 몇몇 문헌은 약장 입자들이 골드스톤 보손을 '먹는다'고 언급한다. 어떻게 그러한 일이 일어날까? 답은 우리가 지금까지 무시했던 입자의 속성과 관련이 있는데, 그렇게 무시해온 이유는 그 특성 역시 아무런 쓸모가 없어 보이기 때문이다.

입자가 장과 어떻게 상호 작용하는지를 결정하는 특성에는 전하, 색상, 스핀, 약한 아이소스핀 등이 있는데, 디랙의 양자장 이론은 그리스어로 '잘 쓰는 손'이라는 의미의 또 다른 특성인 '손대칭성chirality'을 예측한다. 이것은 입자가 가진 특성이며 아무런 역할을 하지 않는다.

손대칭성은 수학적으로 설명할 수 있지만 뚜렷한 물리적 의미는 없다. 단지 입자와 장이 좌우로 흔들리는 시계추처럼 하나의 대칭성에서 다른 대칭성으로 오간다고 알려져 있다. 두 대칭성은 오른손잡이right-handed, 왼손잡이left-handed로 구분된다. 이것은 입자가 디스코를 추는 아저씨처럼 양손으로 하늘을 번갈아 찌르면서 움직이는 것을 의미하지 않는다. 우리는 아무것도 알지 못한다.

대부분의 양자역학 역사에서, 손대칭성은 깡충깡충 좌우를 오가면서 뛰는 방정식 위에 한가롭게 앉아 있었다. 입자들은 손대칭성을 뒤집어 전환했다가 다시 뒤집어서 원상태로 돌아온다. 그리고 다시 전환했다가, 다시 뒤집는다. 여러분이 약장을 도입하기 전까지.

1956년 우젠슝吳健雄과 연구진은 약력이 얼마나 대칭적인지를 알기 위해 코발트 원자로 실험을 진행했다. 그리고 강력과 전자기력은 어느 면으로 보아도 입자에 동일하게 작용하지만, 약력은 대칭성이 깨지는 것을 발견했다. 방사성 붕괴 과정에서 방출되는 중성미자는 왼손잡이뿐이다.

쿼크 입자는 모두 약한 아이소스핀(약장의 특성)을 지니지만, 약장과 상호 작용하는 특성은 오직 왼손잡이 입자에만 존재한다. 우리는 왼손잡이 입자는 '+1의 약한 초전하hypercharge'를 가지고, 오른손잡이 입자는 '0의 약한 초전하'를 가진다고 말한다. 약장에 결합할 것인지 아닌지를 말하는 것이다.

지금쯤이면 여러분은 양자물리학 전체가 빅뱅 과정 중 아무런 맥락 없이 무작위로 탄생한 기이한 특성들의 집합이라 느끼기 시작할 것이다. 그런데 물리 법칙이 좀 더 질서를 갖추길 바란다면 다른 우주를 찾는 편이 낫다. 나는 내가 배트맨인 평행우주를 추천한다. 혹시 그곳에 이미 도착했다면 거기에 그대로 머물도록.

입속에 삼킨 보손

색과 전하가 없는 입자인 Z 보손으로 돌아가자. Z 보손은 본질적으로 광자이긴 하지만, 두 가지 다른 점을 지닌다. Z 보손은 질량이 있고, 손대칭성이 왼손잡이인 경우만 약장과 결합한다.

Z 보손은 약장과 결합한 상태와 그렇지 않은 상태를 오가기 때문에 약한 초전하도 +1과 0을 반복해서 오간다. 그런데 저기를 보라! 언덕을 넘어 우리에게 다가오는 저 사람이 누구지? 앗, 에미 뇌터다!

"어떻게 생각해? 약한 초전하도 보존되는 특성이지." 뇌터는 우리에게 충격적인 발언을 남기고 만족스러운 미소를 지으며 발걸음을 옮긴다.

뇌터의 정리를 고려했을 때 Z 보손이 자신의 약한 초전하 특성을 켜고 끈다면, 약한 초전하는 어딘가를 오가는 것이 분명했다. 약한 초전하는 보존 특성이므로 사라지거나 나타날 수 없다. 따라서 Z 보손과 약한 초전하를 주고받을 장이 있어야 한다. 그것이 브라우트-앙글레르-힉스장이 하는 일이다.

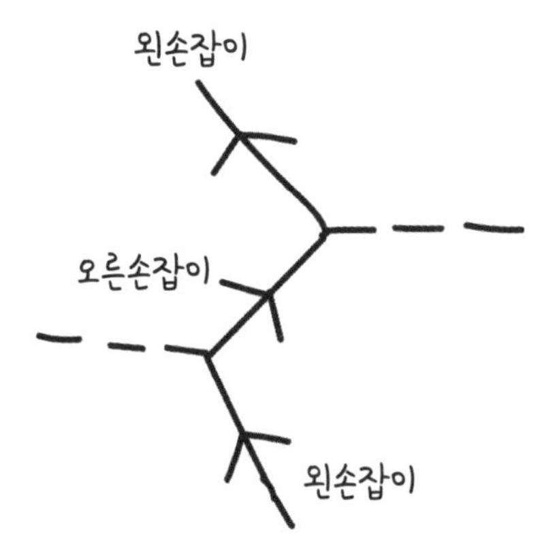

Z 보손은 왼손잡이가 되면 약한 초전하를 장에서 흡수하고(골드스톤 보손을 흡수), 오른손잡이가 되면 약한 초전하를 장으로 되돌려준다(골드스톤 보손을 방출).

나는 Z 보손을 상상할 때면, 움직이면서 끊임없이 입을 벌리고 닫으며 약한 초전하를 뱉었다가 다시 삼키는 틀니 장난감이 떠오른다.

파인먼 다이어그램도 Z 보손이 브라우트-앙글레르-힉스장과 섞인 상태와 섞이지 않는 상태를 끊임없이 오간다고 말한다. 그래서 Z 보손은 우리가 관측할 때마다 골드스톤 보손을 '입속에 삼킨' 상태로 발견되었던 것이다.

위의 파인먼 다이어그램은 Z 보손이 지그재그로 위를 향해 올라가며 좌우 손대칭성을 오가는 모습을 나타낸다. Z 보손은 왼손잡이 상태에서 출발했다가 오른손잡이 상태로 뒤집히면서 골드스톤 보손을 방출하며 약한 초전하(점선으로 표기)를 잃는다. 잠시 오른손잡이 상태로 있다가 다시 왼손잡이 상태로 뒤집히면 골드스톤 보손을 흡수하고 약한 초전하를 되찾는다. 이 과정은 무한히 반복된다.

누가 신경 쓴대?

두 입자가 상호 작용할 때면 장은 서로 결합한다. 그런데 입자가 계속해서 자기 정체성을 바꾼다면 결합은 사라질 수도 있다.

그것은 마치 Z 보손이 쾌활하고 유머러스한 기분에서 음울하고 진지한 분위기로 몇 초마다 바뀌는 것과 같다. Z 보손에게 농담을 건네고 싶다면 빨리 마쳐야 한다. Z 보손이 분위기가 순식간에 우울해지며 당신과의 상호 작용도 사라지기 때문이다. 여러분이 키우던 애완 말이 죽었다고 Z 보손에게 이야기하고 싶을 때도 신속해야 한다. 조금 뒤에 여러분 면전에서 죽은 말을 가지고 말장난을 할 것이기 때문이다.

계속해서 정체성을 뒤집는 탓에 Z 보손은 다른 대상과 상호 작용하기 어렵고, 상호 작용이 어려운 입자는 주변 환경에 쉽게 영향받지 않는다. 안개 속을 뚫고 날아드는 총알처럼 Z 보손은 주위를 둘러싼 장을 뚫고 쏜살같이 달린다. 반면 정체성을 바꾸지 않는 입자는 주변 영향을 쉽게 받는다.

즉, 신속하게 손대칭성을 뒤집는 입자는 자신의 궤도를 유지하지만 천천히 손대칭성을 뒤집는 입자는 쉽게 궤도를 바꾼다. 방금 우리가 묘사한 내용은 무겁고 가벼운 물질의 차이를 의미한다.

광자는 질량이 없어서 튕겨 나가지만, Z 보손은 운동량을 계속해서 유지하기 때문에 무거운 입자로 거동하며 다른 대상에게 쉽게 통제당하지 않는다. 질량은 손대칭성 전환에서 나오며, 그러므로 브라우트-앙글레르-힉스장이 Z 보손에는 질량을 주지만 광자에는 주지 않는 것이다!

이런 현상은 Z 보손에만 발생하는 것이 아니다. 뮤온 입자는 전자보다 빠르게 손대칭성을 뒤집어서 속력을 줄이기 어려우므로 무거운 입자로 작용한다. 당연한 이야기다.

실제로 W^+, W^-, 전자, 뮤온, 타우온, 그리고 모든 쿼크는 끊임없이 손대칭성을 뒤집는데, 이는 그들의 초전하가 브라우트-앙글레르-힉스장을 통해 보존되어야 한다는 것을 의미한다. 그리고 그 입자들은 유카와Yukawa 결합이라는 과정을 매개로 브라우트-앙글레르-힉스장과 결합하기 때문에 처음부터 질량을 가질 수 있었다는 것이 밝혀졌다. 이제 힉스의 발견에 쓸모가 생겼다, 그렇지 않은가?

질량은 보존되고 대칭은 깨진 신의 장, 배트맨!

이미 살펴본 바와 같이, 브라우트-앙글레르-힉스장을 검출할 방법은 없다. 입자가 손대칭성을 계속 전환하도록 만드는(여기서 질량을 얻음) 골드스톤 보손은 입자 속에 섞여 있으므로 우리가 그 장을 직접 볼 수는 없다.

실제로 노벨상 수상자인 리언 레더먼Leon Lederman은 이 좌절감에 관하여 책을 한 권 썼다. 원래 레더먼은 그 입자 찾기가 짜증 날 정도로 어려우므로 책 제목을 '빌어먹을 입자God-damn Particle'라고 짓고 싶었으나, 출판사들이 마음에 들어 하지 않아서 '신의 입자God Particle'로 제목을 줄였다. 논란이 훨씬 덜 되는 제목이다.[6]

그렇다면 입자가 항상 다른 입자와 섞여 있는 장은 어떻게 감지할 수 있을까? 이 지점이 피터 힉스가 브라우트와 앙글레르보다 한 발 더 나아간 영역이자, 사람들이 이 장을 힉스장이라 언급하기 시작한 계기였다(부르기 쉽다는 이유도 있을 것이다).

힉스장은 다른 장과 다르기 때문에 뭔가 새로운 현상을 일으킬 수 있다고 힉스는 믿었다. 그것이 충격파shockwave 전달이다. 다른 장은 공간의 모든 지점에서 0의 값을 갖지만 힉스장은 0이 아니다. 힉스장에 충격을 충분히 가한다면, 여러분은 힉스장을 통해 순식간에 압축을 전송할 수 있으며 압축은 양자로 검출된다. 그 양자가 힉스 보손이다.

힉스 보손은 기술적 측면에서 흥미로운 거동을 하지 않는다. 하지만 힉스장의 존재를 증명하는 단 하나의 단서인 까닭에 2012년 힉스 보손이 발견된 당시 물리학자들이 힉스장 설명에 어려움을 겪은 것이다. 거대 강입자 충돌기는 둘레가 27킬로미터, 가격은 약 11조 원이고, 매년 운영비로 1조 2,000억 원씩 추가로 소요하며 전력은 1.3테라와트 소모한다. 따라서 한 기자가 "힉스 보손은 어떤 일을 하는 겁니까?"라는 질문을 했을 때, "아, 아무 일도 하지 않습니다"라고 대답하는 것은 상당히 현명하지 못하다.

힉스장과 골드스톤 보손이 흥미로운 행동을 하는 것은 사실이지만, 이들은 눈치 빠른 악동들이기 때문에 그들이 존재하는지 확인하려면 우리는 힉스장에 입자를 만들어야 한다. 힉스 보손이 입자에 질량을 주는 것은 아니지만, 입자가 질량을 얻는 방식에 관한 우리의 이론이 맞는지 증명해줄 수 있다. 이 내용이 거대 강입자 충돌기에 관한 모든 것이다.

여러분이 거대 강입자 충돌기의 거대한 파이프에 강입자 덩어리(쿼크로 만들어진 입자들)를 주입하면, 전자석은 거대 원심분리기처럼 루프를 중심으로 입자를 가속한다. 추운 우주보다 몇 도 더 낮은 온도로 냉각하고 광속의 99.9퍼센트로 가속하면 강입자들은 축 주변의 몇몇 지점에서 서로 충돌하는데, 이때 방출되는 에너지가 모든 장으로 분산된다.

여러분은 쿼크들이 충돌하면 산산조각 나면서 내부 입자가 떨어져 나간다고 표현하는 이야기를 이따금 들었을 것이다. 하지만 그런 표현은 올바르지 않다. 쿼크는 내부에 입자가 없으며 충격을 받으면 막대한 에너지를 방출하면서 모든 장으로 전달한다. 그리고 이때의 충격이 전자, 뮤온, 타우온, 중성미자, 반물질, 글루온, W 보손, Z 보손을 발생시킨다. 우리가 엄청나게 운이 좋다면, 입자들이 힉스장을 흔든 결과로 미세하게 깜빡이는 신호를 모니터에서 확인할 것이다.

그 중대한 발표가 2012년 미국 독립기념일에 사람들이 꽉 들어찬 프랑스의 한 강연장에서 진행되었다. 발표에 사용된 파워포인트 자료는 다름 아닌 '코믹 샌즈comic sans' 서체로 작성되었다(격식을 갖춰야 하는 문서에 코믹 샌즈 서체를 쓰면 성의 없다고 비난받는다 - 옮긴이). 마침내 힉스 보손이 가졌으리라 예상되었던 특성을 지닌 입자가 발견되었다.

강연장에 있던 피터 힉스는 주위에서 박수갈채가 터지자 눈물을 흘렸다. 48년간의 탐색이 끝났고, 그의 가설은 입증되었다.

뇌터가 지은 집

양자장 이론에 등장하는 전체 입자 목록은 방대하다. 일단 쿼크가 몇 개인지 따져보자. 여섯 개의 중요한 장인 위, 아래, 맵시, 기묘, 꼭대기, 바닥 쿼크에서 출발해, 각각의 장은 세 가지 색(빨간색, 녹색, 파란색)으로 발견되므로 18개의 장과 입자로 계산된다. 여기에는 반물질 쿼크도 포함되므로 36가지로 늘어나며, 좌우 손대칭성까지 고려하면 72가지가 된다.

모든 입자는 거의 동일한 방식으로 분류되므로, 입자의 모든 종류를 주기율표에 추가하기보다는 다음처럼 간단한 목록으로 작성한다.

페르미온(물질)			보손(힘)
위 쿼크	맵시 쿼크	꼭대기 쿼크	광자
아래 쿼크	기묘 쿼크	바닥 쿼크	글루온×8
			W^+
전자	뮤온	타우온	W^-
전자 중성미자	뮤온 중성미자	타우온 중성미자	Z
			힉스

지금 여러분이 보고 있는 입자 목록은 지난 100년간의 과학 연구 성과를 뇌터의 정리라는 좌우 대칭 나비매듭으로 묶은 결과다.

뇌터가 마련한 주춧돌 위에 디랙, 파인먼, 겔만, 와인버그, 살람, 글래쇼, 힉스 등 많은 과학자가 독창성과 아름다움이 융합된 구조물을 세웠다.

앞의 표를 입자물리학의 표준모형이라 부르는 이유는, 입자물리학에서 다루는 모든 입자와 그들 사이의 상호 작용을 요약한 결과이자 물리학계의 가장 큰 업적이기 때문이다.

어떤 사람들에게 거대 강입자 충돌기는 헛수고로 보이겠지만, 우리가 존재하는 우주에 관한 가장 웅장한 이론을 시험하려고 만든 장치임을 기억할 필요가 있다. 양자장 이론과 뇌터의 정리는 우리에게 가장 거대한 의문을 제기하므로, 그에 걸맞은 거창한 답안을 마련하는 것이 이치에 맞다.

15장

G가 일으킨 문제

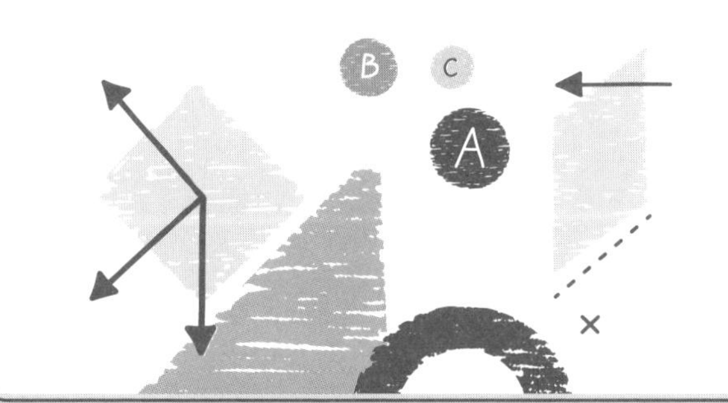

거의 모든 것들

우리가 사는 현실은 양자장 이론이 다루는 세 가지 힘인 강력, 전자기력, 약력의 아름다움과 복잡성에 큰 빚을 지고 있다.

강력이 없다면 원자 중심부에 있는 핵은 안정하지 않을 것이고, 양성자는 입자가 되기도 전에 흩어져버릴 것이다. 글루온과 쿼크는 세상의 모든 존재를 단단하게 묶어주므로 단순한 입자를 넘어선 하나의 우주로 간주해야 한다. 여러분 몸을 구성하는 탄소, 질소, 산소, 인, 황, 소듐, 염소, 포타슘, 철을 비롯한 주기율표 전체를 채우는 원소들은 양자색역학 법칙 덕분에 존재한다.

광자 전달을 통해 에너지를 교환하는 전자는 원자가 서로 결합해 복잡한 분자를 형성할 수 있도록 해주고, 나아가 모든 반응을 가능하게 한다. 그뿐 아니라 현재 여러분이 서 있는 땅은 여러분의 몸을 계속 밀어내고 있는데, 이는 여러분 발바닥을 구성하는 전자와 지표면에 존재하는 전자가 작용·반작용 관계에 있는 두 힘을 서로에게 가하기 때문에 가능한 현상이다.

무언가를 밀거나 당길 때, 마찰력을 느끼거나 끌어당겨지는 힘을 감지할 때, 부력을 체험할 때, 몸이 떠오르는 감각이나 그 외 뉴턴 역학에서 규정하는 현상을 느낄 때 여러분은 광자장에서 비롯한 전기적 반발력을 경험하는 것이다. 애초에 빛이 존재한 덕분에 이 모든 현상을 관찰할 수 있었다는 사실은 두말할 필요도 없다. 화학, 고전물리학, 광학에 속하는 모든 작용은 양자전기역학의 법칙에 바탕을 둔다.

생물학의 장엄함도 마찬가지이다. 가장 복잡한 과학 분야의 가장 간단한 구조물은 원자 수십억 개가 연결된 분자 사슬로 구성되어 있다. 여러분 몸 세포 속에서 DNA 가닥들이 복제될 때 발생하는 돌연변이는 새로운 특성으로 이어지며, 그 돌연변이 덕분에 종은 시간의 흐름에 따라 진화하고 분열한다. 돌연변이는 복제 과정 중 발생하는 전사 오류가 원인이기도 하지만, 지금까지 이루어졌던 평범한 복제 과정 도중에도 생긴다. 지구 대기를 통과해 들어와 DNA 복제를 방해하는 방사성 입자는 지구 생명체들에겐 값진 선물이다. 그러나 방사성 입자가 지구 밖에서 일으킨 태양풍과 천문학 현상의 잔재들은 우주의 추위 속에 사라진다.

W 보손이나 Z 보손이 없다면 방사능 붕괴는 일어나지 않을 것이며, 그렇게 된다면 지구 생명체는 바위 웅덩이에서 헤엄치는 수십 종의 박테리아에 그칠 것이다. 게다가 W, Z 보손 없이는 태양 중심부의 쿼크가 양성자를 중성자로 바꾸지 못하므로 핵융합은 중단되고, 태양은 전혀 빛나지 않을 것이다. 가슴 벅찰 정도로 화려한 생물 다양성과 생명의 지속 가능성은 약전자기 이론만이 가능케 한다.

여러분 몸을 구성하는 쿼크와 렙톤, 이들에게 상호 작용을 지시하는 광자, 글루온, 보손, 질량을 부여하는 힉스, 모든 것의 균형을 유지하는 중성미자는 전부 입자물리학의 표준모형과 양자장 이론으로 설명된다.

우리는 세상 만물을 다 알지 못하고, 놀랍도록 흥미진진한 질문들은 여전히 남아 있지만, 양자장 이론이 인류를 올바른 방향으로 안내한다. 이 새로운 영역에서 우리는 지금도 걸음마 중이다. 사실이다. 하지만 더는 눈을 감은 채 앞을 더듬지 않는다. 역사에 있었던 모든 사건은 입자가 장과 상호 작용한 결과물이며, 오늘날 우리는 그 모든 현상을 설명할 수 있는 틀을 갖추었다. 한 가지 문제만 빼면. 양자장 이론은 아직 이것을 다룰 수 없다. 중력.

약력보다 약한

뉴턴의 머리로 사과가 떨어졌다는 이야기는 출처가 다소 불분명하다. 실제로 뉴턴은 영국 링컨셔에 있는 자신의 집 근처 나무에서 사과가 떨어지는 모습을 보고, 불현듯 아이디어를 떠올렸다고 한다.[1]

떨어지는 사과에 작용하는 대부분의 힘은 간단한 역학으로 설명할 수 있다. 가령, 툭 소리를 내며 나뭇가지가 부러지는 현상은 나뭇가지 속 원자들의 재배열로 일어난다. 대기 중에서 추락하는 나뭇가지는 그 주변을 둘러싼 공기 입자와 부딪히며 속력이 점점 느려진다. 마침내 나뭇가지가 땅에 부딪히면, 우리는 간단한 물리법칙을 사용하여 그 나뭇가지가 특정 방식으로 부러지고 추락하여 데굴데굴 구르는 과정을 설명할 수 있다.

이 모든 현상은 입자-입자 상호 작용의 결과물이며, 대부분 QED 및 전자-광자 이론으로 규명된다. 그런데 무엇이 맨 처음 사과를 떨어지게 했을까? 이것이 진짜 질문이다.

뉴턴이 중력을 발명하지는 않았다. 1687년 이전에도 공중에 둥둥 떠 있는 물체는 없었다. 뉴턴이 깨달은 것은 중력이 그 자체로 힘이라는 사실이다. 사과는 아리스토텔레스가 생각했듯이 자신의 의지로 떨어지지 않는다. 사과는 떨어지는 동안 속력이 빨라지는데, 이는 어떠한 존재가 사과를 적극적으로 잡아당긴다는 것을 의미한다.

그 힘의 존재를 증명하는 간단한 방법은, 나무에서 땅으로 떨어진 사과가 몇 센티미터 높이에서 떨어진 사과보다 더 큰 충격으로 부딪힌 결과를 보여주는 것이다. 오랫동안 떨어질수록 속력이 빨라지고, 어떠한 존재가 떨어지는 사과의 속력을 더욱 빠르게 한다면, 그 존재가 사과에 힘을 가하는 것이 틀림없다.

질량을 가진 물체(나중에 아인슈타인이 에너지도 가진 것으로 보정)가 현재는 중력장이라 부르는 보이지 않는 인력의 매개체를 통해 다른 물체와 소통하고 있음을 뉴턴은 깨달았다. 약력, 전자기력, 강력과 더불어 중력도 자연의 근본을 이루는 힘이다.

여러분이 직감하기에 중력이 네 가지 힘 가운데 가장 강하게 느껴질지 모르지만, 사실 중력은 약력보다 1조분의 1만큼 약하다. 그러나 여전히 중력을 무시할 수 없는 이유는 중력의 범위가 무한하여 모든 존재에 절대적으로 작용하기 때문이다. 그 무자비한 탐욕이 쿼크, 렙톤, 글루온, 광자, W 보손, Z 보손, 힉스 보손을 전부 끌어당긴다.

강력, 약력, 전자기력이 중력을 거의 눈치채지 못한 채 입자에서 입자로 즐겁게 뛰어다니는 사이, 중력은 입자들의 그림자에 숨어서 은밀하게 그들을 붙들고 누구도 밖으로 빠져나가지 못하게 한다. 빛도 시간도 마찬가지다.

지금 손에 쥐고 읽는 이 책은 여러분의 얼굴을 끌어당기고 얼굴은 책을 끌어당기고 있지만, 여러분은 이 정도 미약한 중력은 느끼지 못한다. 그러나 주위의 모든 물체는 다른 모든 존재를 향해 조금씩, 아주 조금씩 끌리고 있다.

자석이 클립을 바닥에서 쉽게 들어 올리듯이, 여러분도 일시적으로 그리고 좁은 범위로 중력을 이겨낼 수 있다. 하지만 넓은 시야로 바라보면 중력은 지구 표면에 모든 것을 고정하고 있으며 웬만해서는 그들을 놔주지 않을 것이다.

강력, 전자기력, 약력을 설명할 때 움직이는 가상 입자를 도입하는 것처럼, 중력을 설명하기 위해서도 그와 유사하게 중력 양자 graviton를 도입할 수 있다.

하지만 중력 양자는 발견하기 어려울 것이다. 중력은 약한 힘이므로 중력장을 휘젓기에 충분한 에너지를 내려면 은하만큼 거대한 입자 충돌기가 필요하다. 우리가 그러한 충돌기를 만든다 해도 충돌 에너지는 엄청나게 클 것이며, 그 에너지가 충돌 지점에 블랙홀을 만들어서 중력 양자가 그 블랙홀 속으로 빨려 들어간다면, 우리는 중력 양자를 절대 관찰할 수 없을 것이다. 입자와 장을 감지하는 다른 방법을 찾아내지 못한다면 중력 양자는 계속 숨어 있을 것이다.

외톨이

중력은 강력, 전자기력, 약력과 여러 면에서 다르다. 그리고 세 힘과 비교했을 때 아주 조금 다르다고 보기는 힘들기에(전자기력과 약력이 다른 만큼 중력과 세 힘은 다르다), 중력을 물리학의 카지모도 Quasimodo(빅토르 위고의 소설 《파리의 노트르담》에 등장하는 꼽추로 남다른 외모를 지녔다 - 옮긴이)라 부른다고 해도 문제 될 것 없다. 다음은 중력을 논할 때마다 마주치게 되는 몹시 짜증 나는 요소들이다.

1. 중력은 놀라울 정도로 다른 힘보다 약하다. 세 힘의 세기를 비교하면 서로 비슷한 수준이므로 줄을 세웠을 때 그들 사이의 거리 차이는 1센티미터도 되지 않지만, 세 힘과 중력은 지구에서 안드로메다은하만큼 차이가 난다.

2. 양자장 이론을 이용하면 진공 상태의 공간에 얼마나 많은 에너지가 있는지 예측할 수 있다(모든 가상 입자를 합친 결과). 그 이론을 토대로 진공에서의 에너지 총량을 예측한 값은 약 10^{105}J/cm^{2}이지만, 실제 은하에 가해지는 중력의 영향력까지 관찰하여 에너지량을 측정하면 약 10^{-15}J/cm^2 이라는 답을 얻는다. 양자장 이론이 예측한 값과 중력을 측정하여 얻은 값에

대략 10^{120}배 차이가 난다. 양자장 이론 자체는 앞에서 살펴보았듯 모든 과학을 통틀어 가장 정확한 예측값을 자랑하지만, 방정식에 중력을 포함하면 정확도가 가장 낮아진다.

3. 페르미온(쿼크, 전자, 중성미자 같은 물질 입자)의 특성 중 하나가 자기 공간을 차지한다는 것이다. 이러한 특성을 '파울리의 배타 원리Pauli's exclusion principle'라고 부르는데, 에너지와 위치를 포함한 입자 정체성이 해당 입자만의 고유 특성이라고 설명한다. 기본적으로 페르미온은 다른 입자와 분리된 채 존재하지만, 블랙홀 중심에서 중력이 충분히 모이면 뭉쳐진다. 양자장 이론 안에서 파울리의 배타 원리는 절대로 깨지지 않지만, 중력 이론 안에서는 상당히 쉽게 깨질 수 있다.

4. 아인슈타인의 일반상대성이론은 중력이 어떻게 작용하는지 설명하는 이론으로, 에너지, 질량, 시간, 빛, 공간을 연결한다. 공식적으로 아인슈타인은 그 이론을 1916년에 발표했다. 널리 알려지지 않은 사실에 따르면 그는 일반상대성이론을 1912년에 처음 고안했으나 방정식을 덮어두고 아무에게도 말하지 않았다.[2] 그렇게 행동한 이유는 짐작건대 방정식이 틀렸다고 생각했기 때문이다.

일반상대성이론은 물체 주변의 공간이 구부러지며 발생하는 왜곡을 묘사하는데, 이것이 우리가 느끼는 중력이다. 이 이론은 실험과도 완벽하게 일치하며, 공간은 모든 지점에서 정확하게 정의된 값으로 휘어진다는 핵심 가정에 바탕을 둔다. 그러나 양자역학 관점에서 하이젠베르크의 불확정성 원리는 절대 그러한 일이 일어나지 않는다고 말한다. 모든 장과 입자가 움직이고 있으므로, 공간이 정확한 값으로 휘어진다고 설명하는 이론은 성립할 수 없다. 중력 양자가 불확정성 원리를 따른다 해도, 중력 자체는 그 원리를 명백히 위배한다.

5. 빈 공간을 배경으로 강력, 전자기력, 약력 장이 놓여 있다. 입자는 세 힘장에 부딪힐 수 있으며, 힘장의 형태는 기하학에 따른다. 그런데 일반상대성이론에 따르면 빈 공간은 휘어질 수 있다.

직선으로 움직이던 모든 입자가 갑자기 주위 공간의 형태가 변하는 것을 감지해도, 우리에게는 그 공간의 변화가 입자에 어떤 영향을 미치는지 설명할 방법이 없다. 중력을 이용해서 모든 입자에 어떠한 일이 발생했는지는 해석할 수 있지만, 입자 하나에 중력이 준 영향력을 계산하기는 쉽지 않다.

중력을 동네잔치에 참석한 외톨이로 표현하는 것만으론 부족하다. 중력은 전등을 넘어뜨리고, 텔레비전에 오줌을 누고, 참석자들의 뒤통수를 치며 돌아다니는 망나니이다. 중력을 고려하기 전까지 양자장 이론은 깔끔하게 작동하지만, 중력이 등장하면서 온통 난장판이 된다. 그런데 이 상황이 무엇보다 짜릿하고 흥분되기도 한다.

지식의 나무

중력은 지표면 근처의 모든 물체를 끌어당긴다. 뉴턴은 우주의 모든 항성, 위성, 행성에도 그와 같은 힘이 작용하고 있음을 깨달았다. 만유인력이란 하늘과 지구에 똑같이 적용되는 보편적 규칙이기 때문이었다. 뉴턴 덕분에 현실에서 명백히 다르게 보이는 영역들이 하나의 간단한 설명으로 연결되었다.

몇 세기 후 아인슈타인은 에너지 법칙도 그 틀 안에 속한다는 것을 발견하여 상대성이론에 포함시켰다. 물리학에서 다른 방향으로 뻗어 있는 두 개의 가지가 숨겨진 분기점에서 오래전부터 서로 연결되어 있었다는 사실이 다시 한번 드러났다.

한편 마이클 패러데이는 서로 관련 없어 보였던 전기장과 자기장이 실제로는 같은 장의 다른 면이라는 것을 발견하고, 전기와 자기와 빛을 포괄하는 이론을 제시했다.

그 후 양자물리학자들은 패러데이의 전자기 법칙을 가져다 입자물리학과 합쳐 QED를 탄생시킨 뒤에 QED와 방사능 이론을 한데 묶어 약전자기 이론으로 구성했다.

똑같은 일들이 반복해서 일어난다. 우리는 지식의 서로 다른 지점과 서로 무관해 보이는 영역에서 출발하지만, 잔가지를 모아 한 그루의 나무를 탄생시키듯 논리적 판단에 따라 서로 끊어져 있던 이론들 사이에 연결점을 찾아 이어준다. 우주를 연구할수록 가지는 점점 더 무성해진다.

현재 인류가 가꾸는 지식의 나무는 세 갈래의 굵은 가지에서 탄생한 이론의 집합체다. 첫째는 천문학, 우주론, 중력을 설명하는 일반상대성이론이다. 둘째는 질량, 빛, 방사능, 고전적인 힘과 화학을 설명하는 약전자기 이론이다. 세 번째는 원자핵을 설명하는 양자색역학이다. 우리는 지금 두 번째, 세 번째 이론이 연결되는 상황을 눈앞에 두었다.

최근 인류는 약전자기 이론을 양자색역학과 결합하여 표준모형 전체를 한 번에 설명할 수 있는 '대통일 이론grand unified theory: GUT'을 완성할 창의적인 방법을 찾고 있다.

만약 우리가 성공적으로 GUT를 고안한다면, 중력을 다루는 일반상대성이론과 그 외 모든 것을 다루는 양자장 이론으로 물리학을 전부 설명할 수 있을 것이다. 우리는 마침내 두 이론을 엮어 굵은 가지로 만들 수 있을까? 중력과 양자 힘 사이의 모순을 설명할 하나의 이론은 과연 존재할까? 아직 잘 모르지만 어마어마한 노력이 투입될 것은 분명하다.

시작

100년 전 우리는 답을 찾았다고 확신했다. 양자물리학은 그 이후 인류에게 겸손함을 가르쳐주었다. 과학이 끝을 향해 가고 있기보다는 이제 막 시작된 것 같기에 마음이 설렌다. 우리 앞에는 해결하기 벅찬 과제가 아직 남아 있지만, 짧은 시간 동안 이만큼이나 성취해왔다는 사실이 내게 큰 희망을 안겨준다.

인간은 지식에 대한 갈증을 느낄 뿐 아니라, 그 갈증을 해소할 수 있는 두뇌를 지니고 태어난다. 그리고 '아무도 모른다'라는 말을 좋아하지 않으며, 어떠한 곳이 인류에게 가장 적합한지 알아내겠다는 장엄한 계획을 세웠다. 인류가 질문에 답하고, 그 답에 다시 질문 던지기를 포기하지 않는 것도 그 때문이다. 우주는 상상할 수 없을 정도로 복잡하겠지만, 양자역학을 이해한다면 우리가 또 다른 무언가를 성취해낼 수 있을지 누가 알겠는가?

이러한 이유가 있기에, 정말 많은 이유가 있기에, 나는 과학이 우리 종족을 구할 것이라 진심으로 믿는다.

양자물리학 & 입자물리학 연대기

과학은 일직선으로 발전하지 않는다. 이론은 예전에 우리가 무엇인지도 모르고 우연히 발견했던 것들의 실체를 예견한다. 퍼즐 조각을 맞출 때 우리는 잘 아는 부분부터 시작하지만, 때로는 그 과정에서 순차적 정확성을 놓쳐버린다.

이 책에서 나는 복잡한 주제를 쉽게 설명하기 위해 스토리텔링에 집중했는데, 그러는 동안 역사적 흐름을 무시하기도 했다. 따라서 과학사가 실제로 어떻게 발전해왔는지 올바르게 기술한 연표를 첨부했으니 참고하기 바란다.

1618년 데카르트가 빛은 플레넘을 매개로 이동하는 파동이라 제안하다.

1672년 뉴턴이 빛은 미립자로 구성되어 있다고 주장하다.

1801년 영이 이중 슬릿 실험으로 빛의 파동성을 밝히다.

1846년 패러데이가 빛은 전자기파라고 추측하다.

1861년 맥스웰이 패러데이가 옳았음을 증명하다.

1897년 J. J. 톰슨이 전자를 발견하다.

1899년 러더퍼드가 방사선이 입자로 구성되어 있음을 발견하다.

1900년 플랑크가 빛은 양자라는 가설을 세우다.

1905년 아인슈타인이 모든 물질은 원자로 이루어졌음을 증명하고, 빛은 광양자로 구성되어 있음을 증명하고, 특수상대성이론을 발표하다. 1905년을 기적의 해로 만들다.

1908년 러더퍼드가 원자핵을 발견하다.

1912년 아인슈타인이 일반상대성이론을 고안했지만, 아무에게도 말하지 않는다.

1913년 보어가 전자껍질을 채운 전자의 에너지가 양자화되어 있음을 발견하다.

1915년 뇌터의 정리가 발표되다. 우먼파워가 승리하다.

1916년 아인슈타인이 일반상대성이론을 발표하다. 많은 사람에게 이론을 알리다.

1917년 러더퍼드가 양성자를 발견하다.

1922년 슈테른-게를라흐 실험이 수행되다. 실험 결과 앞뒤가 맞지 않는다.

1924년 드브로이가 파동-입자 이중성을 제안하다.

1926년 슈뢰딩거가 파동방정식을 발표하다.

1926년 보른이 파동함수를 특정 사건이 발생할 확률의 제곱근으로 해석하다.

1927년 파울리가 슈뢰딩거 방정식에 '스핀' 개념을 도입하다.

1927년 하이젠베르크가 불확정성 원리를 발견하다.

1927년 조지 톰슨이 전자도 파동처럼 회절한다는 것을 밝히다.

1927년 드브로이가 길잡이 파동 해석을 발표하다.

1928년 디랙이 양자장 이론을 생각해내다.

1930년 하이젠베르크가 코펜하겐 해석의 윤곽을 그리다. 아인슈타인이 좋아하지 않는다.

1930년 파울리가 중성미자의 존재를 제안하다.

1932년 채드윅이 중성자를 발견하다.

1932년 폰 노이만이 파동함수 붕괴의 원인을 찾으려 한다. 아무것도 찾지 못한다.

1932년 앤더슨이 양전자를 발견하다.

1933년 페르미가 약장을 제안하다.

1935년 슈뢰딩거가 죽었거나 살아 있는 상태의 고양이를 제안하다.

1935년 유카와가 원자핵의 안정성을 설명하는 강력을 제안하다.

1935년 아인슈타인, 포돌스키, 로즌이 역설을 발표하다.

1936년 뮤온이 발견되다.

1947년 파이온이 발견되다.

1947년 케이온이 발견되었는데, 거동이 기묘하다.

1949년 파인먼, 슈윙거, 도모나가가 성공적으로 QED 이론을 고안하다.

1952년 봄이 길잡이 파동 해석을 확장하다.

1956년 전자 중성미자가 마침내 발견되다.

1956년 우젠슝이 약장은 비대칭임을 확인하다.

1957년 에버렛이 다세계 해석을 제안하다.

1961년 위그너가 의식이 파동함수의 붕괴를 유발한다고 말하다.

1962년 뮤온 중성미자가 발견되다.

1964년 벨이 EPR 역설 검증 방법을 제시하다.

1964년 겔만이 위, 아래, 기묘 쿼크를 포함하는 양자색역학의 개요를 작성하다.

1964년 글래쇼가 맵시 쿼크를 제안하다……. 분명 존재할 것이기에.

1964년 브라우트, 앙글레르, 힉스가 질량을 설명하는 새로운 장을 제안하다.

1968년 위, 아래, 기묘 쿼크가 발견되다.

1968년 와인버그, 살람, 글래쇼가 약전자기 이론을 완성하다.

1971년 하펠레, 키팅이 특수상대성이론을 입증하다.

1973년 고바야시가 꼭대기, 바닥 쿼크를 제안하다.

1973년 Z 보손이 발견되다.

1974년 맵시 쿼크가 발견되다.

1974년 타우온 입자가 발견되다.

1974년 타우온 중성미자가 발견되다.

1977년 바닥 쿼크가 발견되다.

1982년 아스페가 벨의 실험을 성공적으로 수행하며 고전물리학으로 얽힘을 설명할 수 없음을 증명하다.

1983년 W^+, W^- 보손이 발견되다.

1986년 크레이머가 거래 해석을 제안하다.

1993년 페레스, 우터스, 베넷이 양자 원격전송을 제안하다.

1994년 도노무라가 단일 전자로 이중 슬릿 실험을 수행하여, 입자가 자신을 간섭함을 증명하다.

1995년 꼭대기 쿼크가 발견되다.

1998년 거대 강입자 충돌기 건설이 시작되다.

1999년 김윤호가 '지연된 선택에 의한 양자 지우개' 실험으로 미래가 과거의 양자 얽힘에 영향을 준다는 것을 확실히 보여주다. 짐작건대 1986년의 크레이머에게 메시지를 보낸 것 같다.

2005년 쿠더가 드브로이-봄 해석을 입증할 몇 가지 증거를 제시하다.

2008년 거대 강입자 충돌기를 처음으로 가동하다.

2012년 거대 강입자 충돌기로 힉스 보손을 발견하다.

2014년 오코넬이 처음으로 고전적인 물체를 양자 중첩 상태에 놓다.

2015년 보어가 드브로이-봄 해석을 잠정적으로 탈락시키다(보어가 주장한 양자 얽힘을 네덜란드 연구진이 증명한 사건을 가리킨다. 보어는 1962년 사망했다 - 옮긴이).

2017년 판젠웨이가 인공위성으로 양자 원격전송을 수행해 신기록을 달성하다.

2017년 리드지가 박테리아에 레이저를 쏘아 얽힌 상태로 만들다.

2018년 배너가 양자 북을 만들다.

부록

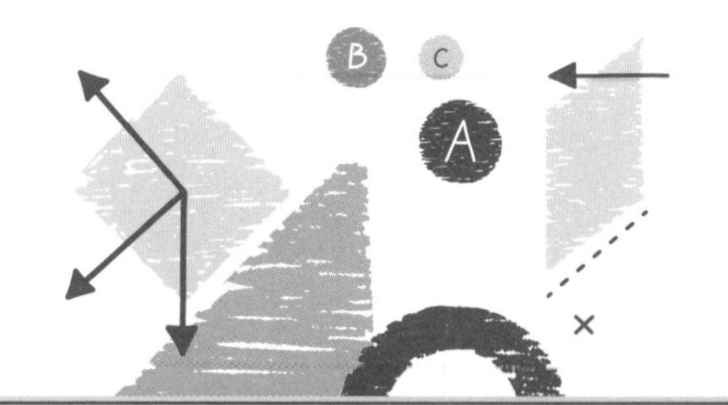

Ⅰ. 스핀 살펴보기

스핀은 플랑크상수에 특정 숫자를 곱한 값이다. 플랑크상수는 입자 에너지를 진동수로 나눈 값으로 6.6×10^{-34} Js이다. 입자는 스핀값으로 플랑크상수의 정수배 혹은 반정수배를 취한다. 즉, 입자 스핀값은 ½ 플랑크상수, 1 플랑크상수, 1½ 플랑크상수, 2 플랑크상수, 2½ 플랑크상수로 전개된다.

반정수배 스핀값을 가진 입자를 '페르미온', 정수배 스핀값을 갖는 입자를 '보손'이라 하는데 이들은 상당히 다른 방식으로 거동한다(14장에 사례가 소개되어 있다). 그러나 스핀값을 지닌 모든 입자가 자기를 띠는 것은 아니다.

입자의 자기적 성질을 의미하는 용어가 있다. 입자의 '자기 모멘트'이다. 자기 모멘트는 입자의 자기장이 얼마나 강한지를 결정하며, 다음과 같은 관계식으로 기술된다.

$$\mu = g \frac{e}{s\,2Mc} S$$

기호 μ는 입자의 자기 모멘트이며, '자기량magnetic charge'으로 간주할 수 있다. g는 자기 회전비gyromagnetic ratio라 부르는데 입자마다 고유한 값을 지니며 입자의 다른 특성과도 연결된다.

M은 질량, e는 전하, c는 우주에서의 제한속도다(8장 참조). S는 스핀 행렬이라 부르며, 입자가 할 수 있는 다양한 스핀 거동을 추적하는 2×2 행렬이다.

고전역학에서 스핀을 정의할 때는 '각운동량angular momentum'을 사용하는데, 이 값은 입자가 얼마나 무거운지, 얼마나 빠르게 회전하고 있는지, 어느 방향으로 회전하고 있는지(시계방향 또는 반시계방향)를 가르쳐준다. 그런데 양자역학에서 스핀을 기술할 때는 각운동량만으로 충분하지 않으며, 다른 네 가지 기술 방법(벡터라고도 부른다)이 필요하다. 스핀은 각운동량과 비슷하지만, 정지한 입자에서도 발견되는 특성이기에 '고유 각운동량intrinsic angular momentum'이라 부르기도 한다.

앞의 관계식은 입자의 자기 모멘트가 모든 입자 특성이 모여서 만들어진 산물임을 보여준다. 슈테른-게를라흐 실험에서 그들이 측정한 것은 은silver 원자의 자기 모멘트였는데, 모든 입자의 질량, 전하, g가 같으므로 측정된 서로 다른 두 궤적은 스핀 특성에서 나와야 했다. 그 실험으로 입자의 두 스핀값을 완벽하게 측정하지는 못했지만(우리는 스핀을 어떻게 직접 측정하는지, 측정한 결과는 어떠한 형태로 나타나는지 알지 못한다), 어쨌든 자기를 이용해 두 종류의 스핀에 어떠한 차이가 있는지 알 수 있었다.

한 가지 더 주목할 점은, 입자가 자기를 띠려면 스핀과 전하를 가져야 한다는 것이다. 스핀은 지녔으나 전하가 없는 입자, 가령 중성미자(14장에서 논의)는 ½ 스핀을 지니지만 전하가 없으므로 앞의 관계식에서 e=0이며 전체 값도 0이 된다. 전하와 자기는 언제나 연결되어 있고, 만일 입자가 그중 하나를 가지고 있다면 다른 하나도 분명 가지고 있다.

Ⅱ. 슈뢰딩거 방정식 풀기

단일 양성자와 단일 전자를 가진 수소 원자는 슈뢰딩거 방정식으로 풀 수 있다. 그런데 입자 수가 늘어날수록 방정식을 풀기 상당히 까다로워진다.

헬륨 원자는 두 개의 양성자와 두 개의 전자를 가지고 있으므로, 양성자 하나와 두 전자의 상호 작용, 다른 한 양성자와 두 전자의 상호 작용, 두 전자 사이의 상호 작용, 두 양성자 사이의 상호 작용을 계산한 뒤에 이들을 전부 합쳐서도 풀어야 한다. 3차원으로.

다루는 원자나 분자가 커질수록 더 많은 상호 작용을 고려해야 하지만, 성능이 뛰어난 컴퓨터로도 상황을 전부 고려해 계산하기는 힘들다. 따라서 여러분이 생각하는 모든 경우의 수를 합친 다음 근사법을 도입하는 편이 바람직한데, 정석대로 계산한 슈뢰딩거 방정식의 해에 가까운 답을 얻는 동시에 시간도 절약할 수 있기 때문이다.

우리가 흔히 도입하는 근사법 중 하나가 궤도 근사이다. 계산하려는 원자에 전자가 하나만 있다고 가정하고, 높은 에너지를 전자에 가하여 고에너지 궤도로 밀어 넣는다고 상상하는 방법이다.

가령 전자 26개를 지닌 원자 형태를 알아야 한다면, 먼저 수소 원자를 상상한 다음 수소 전자의 에너지를 26번 증폭하는 식으로 근삿값을 구한다.

근사 결과는 발 받침 위에 선 어린이가 큰 옷을 입고 어른처럼 보이려 행동하는 인상을 준다. 아주 정확한 답은 아니지만, '수소 원자를 크게 부풀린 모습은 이럴 것이다'라는 느낌을 얻을 수 있는 쓸만한 근사법이다.

다른 근사법에는 보른-오펜하이머 근사가 있는데, 여기서는 핵의 에너지와 진동이 전자에 비해 너무 느려서 무시할 수 있다고 가정한다. 전자는 양전하를 띠는 점 주변을 공전하고 있으며 여기서 고려해야 할 것은 없다. 핵의 간섭은 생각하지 않고, 오로지 전자와 전자 사이의 상호 작용에만 집중한다.

슈뢰딩거 방정식을 간단하게 푸는 가장 좋은 방법은 1998년 노벨상을 공동 수상한 월터 콘Walter Kohn과 존 포플John Pople이 고안한 밀도 범함수 이론density functional theory이다.

밀도 범함수 이론, 약어로 DFT는 입자가 많아 계산에 과부하가 걸리는 분자의 파동함수를 계산하는 훌륭한 근사법이다. DFT는 각 입자를 하나의 점으로 생각하고 분자 내 상호 작용들을 따로 계산하는 대신, 모든 전자를 하나의 '전자구름' 덩어리로 대체해 계산한다.

일단 모든 전자를 하나로 합친 뒤 전자 밀도의 '두께'를 계산하면, 원자나 분자가 시간에 따라 어떻게 행동하는지 알 수 있다. 구름이 두꺼운 지점은 전자가 발견될 확률이 높고, 얇은 지점은 전자가 발견될 확률이 낮다.

DFT를 활용하면 작은 분자는 몇 시간 내에 계산을 마칠 수 있으며, 보통 90퍼센트 이상 정확한 답을 얻는다. 슈뢰딩거 방정식을 직접 푸는 것(거대 분자라면 수년 소요)과 비교하면, DFT는 양자 계산의 산업 표준으로 자리 잡았다.

Ⅲ. 아인슈타인의 자전거

이는 광속의 불변성을 설명하는 간단한 비유로, 과학 저술가 겸 방송인 칼 세이건Carl Sagan이 제시했다. 어떤 사람이 자전거를 타고 여러분을 향해 다가오는 도중 갑자기 그 자전거 앞으로 커다란 트럭이 가로질러 지나가는 바람에, 자전거가 트럭을 피하려고 방향을 트는 상황이다.

트럭이 여러분을 향해 다가오는 것은 아니지만 트럭의 측면에서 나오는 빛이 일정한 속도로 여러분에게 다가오고 있으며, 물리학자들은 그 빛의 속도를 상수constant c로 표현한다. 그런데 자전거를 탄 사람은 여러분을 향해 다가오고 있으므로, 자전거가 내뿜는 빛의 속도는 '자전거 속도 + c'이다. 이 상황에서 자전거에서 나오는 빛은 트럭에서 나오는 빛보다 먼저 여러분의 눈에 도달한다.

트럭이 자전거 앞으로 끼어들어 자전거가 방향을 틀면, 새로운 위치에서 다가오는(자전거가 다른 방향으로 움직였음을 알려주는) 빛이 먼저 여러분에게 도착하고, 곧이어 트럭이 뿜는 빛이 도로를 가로질러 여러분에게 도착할 것이다.

여러분은 자전거를 타는 사람이 뚜렷한 이유 없이 방향을 틀었다고 생각하고 나서(트럭에서 나오는 빛은 아직 여러분에게 도달하지 않았다), 몇 초 후에 트럭이 그곳을 지나갔음을 알아차릴 것이다. 트럭의 빛을 감지하기 전까지, 여러분은 왜 자전거를 탄 사람이 일찍 방향을 틀었는지 의아해하고 있을 것이다. 하지만 이 같은 상황은 실제로 발생하지 않는다.

트럭의 빛과 자전거의 빛이 동시에 여러분 눈에 도달하면서 납득할만한 이야기를 들려주기 때문이다. 여러분은 자전거가 다가오고 있었기 때문에 자전거 빛이 눈에 먼저 도달했어야 한다고 생각할지 모른다. 그러나 실제 일어난 상황을 해석하려면 자전거가 내뿜는 빛의 속도가 '자전거 속도 + c'가 아닌 c로서 트럭의 빛이 다가오는 속도와 같다고 보아야 한다. 누군가가 아무리 빠르게 움직인다 해도, 빛의 속도는 언제나 같다.

IV. 무한대 완화하기

이론물리학의 많은 문제가 '무한대infinity'에서 비롯된다. 이중 슬릿 실험을 보자. 우리는 벽에 틈새 두 개를 뚫고 광자를 보내면서, 두 광자가 지나갈 수 있는 모든 경로를 합쳐 도착할 확률을 계산한다.

벽에 세 번째 틈새를 내도 이야기는 같다. 두 개가 아닌 세 개의 틈새를 기준으로 경로를 고려하여 가능한 결과를 계산한다. 틈새 네 개, 40개, 400개를 내도 마찬가지다. 그러다 보면 벽에 구멍이 너무 많아진 시점이 온다. 최후에는 벽이 없는 빈 공간이 된다.

빈 공간에는 무한히 많은 틈새가 있으므로, 결론적으로 광자에 대한 무한한 수의 경로를 계산해야 한다. 그런데 앞에 벽이 놓여 있지 않은 상태에서 검출기 스크린으로 광자를 쏘면 분명 일직선으로 날아간다. 광자는 '냄새를 맡아'(파인먼의 비유) 지날 수 있는 무한한 수의 경로 가운데 하나를 선택하는 것처럼 거동하다가, 마지막에는 그 무한함이 사라진 듯 고전적인 경로를 택한다.

QED에 얽힌 복잡한 문제로 입자의 자기 상호 작용particle self-interaction이 있다. 전자는 음전하를 띠는데, 이는 음전하를 띤 다른 입자와도 상호 작용함을 의미한다. 그런데 전하를 띠는 자기 자신과 상호 작용하는 전자는 자신과 무한히 가까우므로, 자기 상호 작용에 있어서 무한한 결괏값을 낸다.

위의 두 가지 예는 무한대가 실제로 존재하지 않는 물리학에 고통을 안겨준다. 무한대가 추상 수학 세계에는 존재하지만, 실제 우주에는 존재하지 않으므로(무한대는 우주에 적합한 개념이 아니다) 어떠한 이론에서 무한대의 답이 나오리라 예측되는 것은 그 이론이 틀렸음을 알리는 확실한 신호이다.

방정식이 무한대를 향하기 시작하면 과학자들은 무한대가 '폭발'하고 있다고 표현하며, 이론물리학으로 그러한 수학적 폭발을 완화한다. 일반적으로 방정식을 고치거나, 새로운 방정식을 고안하거나, 보다 합리적인 답을 얻기 위해 입력값을 변경한다.

이들보다 엉터리인 속임수 중 하나는 숫자가 너무 커지는 지점 이후를 간단하게 잘라내는 것이다. 그런데 이 방법은 절망적일 정도로 조잡하다. 눈물을 흘리면서 방정식을 외면하는 행동과 다를 바 없다.

더욱 정교한 접근법은 '재규격화renormalisation'이다. 이는 사전 지식으로 무한대를 일으키는 속성을 찾아가며 적절한 답을 얻을 때까지 방정식을 반복해서 푸는 방법이다. 세부 조건이 늘어날수록 방정식의 해는 실험 결과에 더욱 가까워진다.

이 방법은 여러 목격자의 증언을 토대로 범죄자의 몽타주를 그리는 것과 같다. 범인의 얼굴 형태 등 몇 가지 가정을 한 뒤에, 목격자들의 증언을 듣는다. 그리고 동일한 출발점에서 여러 스케치를 그린 다음 비교해서 서로 얼마나 닮았는지 확인한다.

스케치들이 상당히 일치한다면, 스케치와 알려진 범죄자의 사진(실제 세계에서의 값)과는 얼마나 닮았는지 살펴본다. 만약 비슷하다면, 몽타주의 출발점과 스케치를 그리는 방식이 좋았던 것이다. 비슷하지 않다면 새로운 출발점에서 다른 가정을 도입하고 다른 방식으로 스케치를 그려보면서, 성공적인 몽타주가 나올 때까지 반복한다. 정직하게 몽타주를 그린다면 시행착오는 겪겠지만 꽤 쓸만한 방법이다.

V. 쿼크에 색칠하기

물체의 색을 볼 때 우리 눈이 실제로 감지하는 것은 전자기장의 진동이다. 원자와 분자에 포함된 전자는 특정한 에너지값을 갖는데, 그 에너지값은 반사되거나 방출되는 광자의 에너지와 일치한다.

인간 뇌는 눈에 고에너지 광자가 부딪혔을 때 보라색으로, 저에너지 광자가 부딪혔을 때는 빨간색으로 인식한다.

이러한 의미에서 기본 입자는 실재하는 형태를 갖지 않으며, 발산하는 광자만을 가진다. 우리는 대부분 물체 표면으로부터 특정한 색을 감지하는 경험을 하기 때문에, 기본 입자가 발산하는 광자란 무엇인지 쉽게 그려지지 않는다. 테니스공을 상상하면 공의 표면은 단순히 녹색으로 떠오르지만, 실제는 공 표면 전자들이 여러분의 뇌가 녹색으로 해석하도록 그에 해당하는 에너지를 광자장으로 전달한다.

쿼크는 에너지를 광자장으로 전달하는데(쿼크에는 전하가 있다), 전달한 그 에너지는 너무 높아서 우리 눈으로 감지할 수 없다. 쿼크의 실제 '색'은 엑스선이나 감마선과 같을 것이며 형태는 사실상 보이지 않을 것이다.

하나의 전자가 우주 공간을 이동하는 상황도 마찬가지다. 전자가 실제로 무언가와 충돌하거나 원자와 반응하여 에너지를 잃지 않는 한, 우리는 그 전자가 다가오거나 멀어지는 모습을 결코 볼 수 없을 것이다.

전자는 물속에서 파란색으로 빛나고(체렌코프Cherenkov 방사라 부르는 현상), 공기 중에서는 자주색으로 보이며(번개의 색), 하늘에서 내리는 눈에서는 옅은 분홍색이나 녹색으로 나타난다. 그러나 원자핵, 핵 내부의 쿼크, 양성자, 중성자는 인간 눈으로 볼 수 없다.

내가 14살 때 에번스 과학 선생님께서 양자물리학 교과서를 주셨다. 그 일을 계기로 나는 양자물리에 푹 빠졌고, 나만의 양자물리학 책을 써야겠다고 다짐했다. 《양자역학 이야기》는 사랑하는 대상을 위해 고군분투한 결과로, 어리숙한 내가 꿈을 이룰 수 있도록 도와준 사람들에게 감사의 말을 전하고 싶다.

우선, 누구보다도 브리앤 켈리에게 감사드린다(아마도 브리앤은 나보다 더 과학을 사랑할 것이다). 브리앤이 책의 구조와 분위기를 정하는 과정을 도와주고, 부족한 부분에 대해서는 아낌없이 날카로운 조언을 해준 덕분에 집필 과정이 즐거웠을 뿐만 아니라 읽는 즐거움이 있는 책을 완성할 수 있었다.

내가 아는 최고의 작가 칼 딕슨에게도 감사의 말을 전한다. 칼은 내게 글쓰기에 관한 귀중한 노트를 선물했고, 책에 실린 농담의 완급 조절을 도왔으며 내가 집필 도중 힘들어할 때마다 웃게 해주었다.

책의 첫 장부터 수정하고 다듬는 일을 돕고, 두서없이 장황하게 설명하면서 옆길로 새는 나를 제자리로 데려와 준 앤드루 '헤라클레스' 페티트에게도 감사드린다. Merci, mon ami!(친구들아! 고맙다!)

책에 물리학이 정확하게 기술되고, 비유가 사실을 왜곡하지 않도록 도와준 마커스 로프트와 필 페이벳에게도 고맙다는 말을 전하고 싶다.

내가 책을 쓰면서 해야 할 일을 무사히 마칠 수 있도록 끝없는 인내심을 발휘하며 도와준 베키에게도 다시 한번 감사의 말을 전하려 한다.

이 책을 쓸 수 있도록 기회를 준 겁 없는 에이전트 젠 크리스티에게도 감사드린다.

무탈하게 책을 완성할 수 있도록 많은 도움을 준 출판사 로빈슨과 리틀 브라운 관계자분들께도 감사드린다. 의욕만 넘쳤던 나를 신뢰해준 던컨 프라우드풋, 편집이라는 방대한 작업을 조율한 아만다 키츠, 내 글에 대해 입소문을 내준 홍보담당자 베스 라이트, 해외업체와 협상을 진행해준 앤디 하인과 케이트 히버트, 그리고 믿을 수 없을 정도로 꼼꼼하게 교열을 봐준 하워드 왓슨에게 특별히 감사드린다. 여러분들과 함께 작업하게 되어 영광이었다.

집필 과정 중 요긴하게 참고한 서적들의 저자에게도 감사드린다. 직접 만난 적은 없지만, 하겐 클라이네르트, 톰 랭커스터, 스티븐 블런델, 데이비드 통, 앤서니 지, 레너드 서스킨드에게 감사의 말을 전하고 싶다. 내가 잘 몰랐던 내용을 파악하거나, 어렴풋이 알고 있던 부분을 확실하게 이해할 수 있도록 도와주었다.

아, 책을 쓰면서 칼리 레이 젭슨의 음악을 들었다. 그녀에게도 고맙다는 말을 전한다.

과학자이자 작가로서 내게 영감을 주는 세이시 시미즈에게도 감사드린다.

언제나 나를 믿어주시는 아버지께 감사드린다. 그리고 가장 소중한 분들, 나의 첫 책을 구입해 읽어주신 독자 여러분 덕분에 두 번째 책도 쓸 수 있었다. 가족, 친구, 제자, 그 외 모든 분이 보내주신 응원에 감동했다. 다음 책에서 여러분을 또 만날 수 있길 바란다!

머리말

1. R. P. Feynman, *QED: The Strange Theory of Light and Matter* (London: Penguin, 1985). (한국어판: 《파인만의 QED 강의》, 승산, 2001)
2. S. Giles, *Theorising Modernism: Essays in Critical Theory* (London: Routledge, 1993).

1장

1. A. Marmodoro, *Aristotle on Perceiving Objects* (Oxford: Oxford University Press, 2014).
2. J. Gribbin and M. Gribbin, *Science: A History in 100 Experiments* (London: William Collins, 2016). (한국어판: 《세상을 바꾼 위대한 과학실험 100》, 예문아카이브, 2017)
3. E. Zalta, *Stanford Encyclopedia of Philosophy* (22 August 2017), available from: https://plato.stanford.edu/entries/descartes-physics/(accessed 15 December 2018).
4. I. Newton, *Opticks* (1704; republished New York: Dover Publications, 1952). (한국어판: 《아이작 뉴턴의 광학》, 한국문화사, 2018)
5. A. Robinson, *The Last Man Who Knew Everything* (London: Oneworld Publications, 2006).
6. P. Ehrenfest, 'On the Necessity of Quanta' (1911), trans. L. Navarro and E. Perez, *Arch. Hist. Exact Sci.*, vol. 58 (2004), pp. 97–141.
7. A. Lightman, *The Discoveries* (New York: Vintage, 2006). (한국어판: 《과학의 천재

들》, 다산초당, 2011)

8. E. Cartmell and G. Fowles, *Valency and Molecular Structure* (fourth edition, London: Butterworths, 1977).

2장

1. F. Swain, *The Universe Next Door* (London: John Murray, 2017).
2. G. Lewis, 'The Conservation of Photons', *Nature*, vol. 118, no. 2981 (1926), pp. 874–5.
3. A. Howie, 'Akira Tonomura (1941–2012)', *Nature*, vol. 486, no. 7403 (2012), pp. 324.
4. N. Blaedal, *Harmony and Unity: The Life of Niels Bohr* (Lexington: Plunkett Lake Press, 2017).
5. B. Franklin, *Experiments and Observations on Electricity*, Pennsylvania Gazette (19 October 1752).
6. J. J. Thomson, *Recollections and Reflections* (London: G. Bell and Sons, 1936).
7. I. Asimov, *Words of Science* (London: Harrap, 1974).

3장

1. E. Wollan and L. Borst, 'Physics Section III Monthly Report for the Period Ending December 31, 1944', *Oak Ridge, Tennessee Clinton Laboratories, Metallurgical Report*, no. M-CP-2222 (1945).
2. S. Eibenberger et al., 'Matter-wave Interference with Particles Selected from a Molecular Library Masses Exceeding 10,000 amu', *Phys. Chem. Chem. Phys.*, vol. 15 (2013), pp. 14696–700.
3. D. Cassidy, 'The Sad Story of Heisenberg's Doctoral Oral Exam', *APS News*, vol. 7, no. 1 (1998).

4. J. Gribbin, *In Search of Schrödinger's Cat* (London: Transworld, 1984). (한국어판: 《슈뢰딩거의 고양이를 찾아서》, 휴머니스트, 2020)
5. D. Charles, 'Heisenberg's Principles Kept Bomb From Nazis', *New Scientist*, no. 1837 (1992).
6. J. Glanz, 'Letter May Solve Nazi A-Bomb Mystery', *New York Times* (7 January 2002).
7. G. Blazeski, 'The Nazis were harassing Heisenberg, so his mother called Himmler's mom & asked her if she would please tell the SS to give her son a break', *Vintage News* (8 April 2017), available from: https://www.thevintagenews.com/2017/04/08/the-nazis-were-harassing-heisenberg-so-his-mother-called-himmlers-mom-asked-her-if-she-would-please-tell-the-ss-to-give-her-son-a-break/ (accessed 15 December 2018).
8. M. Gladwell, 'No Mercy', *New Yorker* (4 September 2006).
9. A. Trabesinger, 'The Path to Agreement', *Nature Physics*, vol. 4, no. 349 (2008).
10. D. Kevles, *The Physicists: The History of a Scientific Community in Modern America* (Cambridge, MA: Harvard University Press, 1995).
11. W. Heisenberg, *Physics and Beyond: Encounters and Conversations* (London: G. Allen & Unwin, 1971).

4장

1. W. Moore, *Schrödinger: Life and Thought* (Cambridge: Cambridge University Press, 1989).
2. Moore, *Schrödinger*.
3. E. Schrödinger, 'An Undulating Theory of the Mechanics of Atoms and Molecules', *Physical Review*, vol. 28, no. 6 (1926).
4. Moore, *Schrödinger*.
5. M. Brooks, *The Quantum Astrologer's Handbook* (Brunswick: Scribe, 2017).

6. Narcotics Anonymous, *World Service Conference of Narcotics Anonymous* (November 1981), available from: https://web.archive.org/web/20121202030403/http://www.amonymifoundation.org/uploads/NA_Approval_Form_Scan.pdf (accessed 15 December 2018).
7. N. Camus et al., 'Experimental Evidence for Quantum Tunnelling Time', *Phys. Rev. Lett.*, vol. 119 (2017), pp. 23201.

5장

1. W. Gerlach and O. Stern, 'Der Experimentelle Nachweis der Richtungsquanteling im Magnetfeld', *Z. fur Physik*, vol. 9 (1922), pp. 349–52.

6장

1. R. Kastern, *The Transactional Interpretation of Quantum Mechanics* (Cambridge: Cambridge University Press, 2012).
2. N. D. Mermin, 'What's Wrong with this Pillow?', *Physics Today*, vol. 42, no. 4 (1989).
3. I. Born, *The Born–Einstein Letters* (New York: Walker and Company, 1971). (한국어판: 《아인슈타인 보른 서한집》, 범양사, 2007)
4. W. Heisenberg, *Physics and Beyond*, trans. A. Pomerans (New York: Harper and Row, 1971).
5. D. Lindley, *Where Does the Weirdness Go?* (New York: Vintage, 1997).
6. From a memoir of Ruth Braunizer, Erwin Schrödinger's daughter, entitled 'Memories of Dublin', collected in G. Holfter (ed.), *German Speaking Exiles in Ireland 1933–1945* (Amsterdam: Rodopi, 2006).
7. C. McDonnell, 'Schrödinger's Cat', *GITC Review*, vol. 13, no. 1 (2014).

7장

1. J. von Neumann, *Mathematical Foundations of Quantum Mechanics*, trans. R. Bayer (Princeton: Princeton University Press, 1955).
2. E. Wigner, 'Remarks on the Mind-Body Question', in I. J. Good (ed.), *The Scientist Speculates* (London: Heinemann, 1961).

8장

1. A. Einstein, B. Podolsky and N. Rosen, 'Can Quantum Mechanical Description of Reality by Considered Complete?', *Phys. Rev.*, vol. 47 (1935).
2. E. Schrödinger, 'Discussion of Probability Relations Between Separated Systems', *Math. Proc. of the Cam. Phil. Soc.*, vol. 31, no. 4 (1935), pp. 555–63.
3. J. E. Haynes, H. Klehr and A. Vassiliev, *Spies: The Rise and Fall of the KGB in America* (New Haven and London: Yale University Press, 2009).
4. A. Whitaker, *John Stewart Bell and Twentieth-Century Physics* (Oxford: Oxford University Press, 2016).
5. A. Aspect, P. Grainger and G. Roger, 'Experimental Realization of Einstein–Podolsky–Rosen–Bohm Gedankenexperiment: A New Violation of Bell's Inequalities', *Phys. Rev. Lett., vol. 49, no. 2* (1982), pp. 91–4.

9장

1. R. Ji-Gangetal., 'Ground to Satellite Quantum Teleportation', *Nature*, vol. 549, no. 7670 (2017), pp. 70–3.
2. X. S. Ma et al., 'Quantum Teleportation Over 143 Kilometers Using Active Feed-forward', *Nature*, vol. 489, no. 7415 (2012), pp. 269–73.
3. C. Bennett et al., 'Teleporting an Unknown Quantum State via Dual Classical

and Einstein–Podolsky–Rosen Channels', *Phys. Rev. Lett.*, vol. 70, no. 13 (1993), pp. 1895–9.

4. P. Ball, 'Quantum Teleportation is Even Weirder Than You Think', *Nature Column: Muse* (20 July 2017).
5. Y. H. Kim et al., 'A Delayed Choice Quantum Eraser', *Phys. Rev. Lett.*, vol. 84 (2000), pp. 1–5.
6. C. Marletto et al., 'Entanglement Between Living Bacteria and Quantized Light Witnessed by Rabi Splitting', *Journal of Phys. Comm.*, vol. 2, no. 40 (2018).

10장

1. W. Keepin, 'Lifework of David Bohm' (11 March 2008), available from: http://www.vision.net.au/~apaterson/science/david_bohm.htm (accessed 15 December 2018).
2. Y. Couder et al., 'Walking Droplets: a Form of Wave-particle Duality at Macroscopic Level?', *Europhys. News*, vol. 41, no. 1 (2010), pp 14–18.
3. J. Bush et al., 'Walking Droplets Interacting with Single and Double Slits', J. Fluid Mech., vol. 835 (2018), pp 1136–56; T. Bohr et al., 'Double Slit Experiment with Single Wave-driven Particles and Its Relation to Quantum Mechanics', *Phys. Rev. E.*, vol. 92 (2015).
4. J. Cramer, 'The Transactional Interpretation of Quantum Mechanics and Quantum Nonlocality' (2015), available from: https://arxiv.org/pdf/1503.00039.pdf (accessed 15 December 2018).
5. D. Deutsch, *The Beginning of Infinity* (London: Penguin, 2012).
6. F. Tipler, *The Physics of Immortality* (New York: Bantam Doubleday Dell Publishing Group, 2000).
7. P. Byrne, *The Many Worlds of Hugh Everett Ⅲ: Multiple Universes, Mutual Assured Destruction and the Meltdown of a Nuclear Famil*y (Oxford: Oxford University Press,

2010).
8. P. Ball, 'Experts Still Split about What Quantum Theory Means', *Nature News* (11 January 2013). The original poll can be found at: https://arxiv.org/pdf/1301.1069.pdf (accessed 15 December 2018).
9. I. Asimov, 'Science and the Bible', interview with Prof. Asimov conducted by P. Kurtz in *Free Enquiry*, Spring (1982).

11장

1. I. Asimov, *New Guide to Science* (Harmondsworth: Penguin Press Science, 1993).
2. G. Farmelo, *The Strangest Man: The Hidden Life of Paul Dirac, Quantum Genius* (London: Faber and Faber, 2009).
3. P. Dirac, *Lectures on Quantum Mechanics* (New York: Dover Publications, 2001).

12장

1. C. Sykes, *No Ordinary Genius* (London: W. W. Norton & Company, 1994).
2. J. Gleick, *Genius* (London: Little, Brown, 1992). (한국어판: 《천재》, 승산, 2005)
3. Letter from Robert Oppenheimer addressed to Robert Birge, dated 4 November 1943.
4. R. Leighton, *Surely You're Joking, Mr Feynman* (Princeton: Princeton University Press, 1985). (한국어판: 《파인만 씨, 농담도 잘하시네!》, 사이언스북스, 2000)
5. A. Zee, *Quantum Field Theory in a Nutshell* (Princeton: Princeton University Press, 2010).
6. Sykes, *No Ordinary Genius*. (한국어판: 《리처드 파인만》, 반니, 2017)
7. M. Nio et al., 'Complete Tenth-order QED Contribution to the Muon g-2' (2012), available from: https://arxiv.org/abs/1205.5370 (accessed 15 December 2018).
8. T. Lancaster and S. Blundell, *Quantum Field Theory for the Gifted Amateur* (Oxford:

Oxford University Press, 2015).

9. R. P. Feynman, 'The Theory of Positrons', *Phys. Rev.*, vol. 76 (1949).
10. C. D. Anderson, 'The Positive Electron', *Phys. Rev.*, vol. 43 (1933).
11. D. Dooling, 'Reaching for the Stars', *Science at NASA* (12 April 1999), available from: https://science.nasa.gov/science-news/science-at-nasa/1999/prop12apr99_1 (accessed 15 December 2018).
12. W. Bertsche et al., 'Confinement of Antihydrogen for 1,000 seconds', *Nature Phys.*, vol. 7, no. 7 (2011), pp. 558–64.

13장

1. Author Unknown, 'Who Ordered That?', *Nature Editorial*, vol. 531 (2016), pp. 139–40.
2. M. L. Perl et al., 'Evidence for Anomaloys Lepton Production in $e^+ e^-$ Annihilation', *Phys. Rev.* Lett., vol. 35, no. 22 (1975).
3. R. P. Feynman, *QED: The Strange Theory of Light and Matter* (London: Penguin, 1985). (한국어판: 《숨은 질서를 찾아서》, 히말라야, 1995)
4. M. Kaku, 'Beauty Is Truth', *Forbes Magazine* (7 October 2008).
5. L. Lederman, 'Neutrino Physics', Lecture given on 9 January 1963, *Brookhaven Lecture Series on Unity of Science*, BNL 787, no. 23.
6. Interview with Gell-Mann, available from: https://www.youtube.com/watch?v=po-SQ33Kn6U (accessed 15 December 2018).
7. F. Wilczek, 'Time's (Almost) Reversible Arrow', *Quanta Magazine* (7 January 2016).
8. M. E. Peskin and D. V. Schoeder, *An Introduction to Quantum Field Theory* (Boston: Addison-Wesley, 1995).

14장

1. K. Jepsen, 'Famous Higgs Analogy, Illustrated', *Symmetry Magazine* (9 June 2013).
2. J. W. Brewer and M. K. Smith, *Emmy Noether: A Tribute to Her Life and Work* (New York: Marcel Dekker Inc., 1981).
3. A. Einstein, 'Obituary of Amalie Emmy Noether', *New York Times* (5 May 1935).
4. Author Unknown, 'Why Is the Higgs Discovery so Signi cant?', *Science and Technology Facilities Council* (22 September 2017), available from: https://stfc.ukri.org/research/particle-physics-and-particle-astrophysics/peter-higgs-a-truly-british-scientist/why-is-the-higgs-discovery-so-signi cant (accessed 15 December 2018).
5. P. Rogers, 'The Heart of the Matter', *Independent* (1 September 2004).
6. L. Lederman, *The God Particle* (New York: Dell, 1993). (한국어판: 《신의 입자》, 휴머니스트, 2017)

15장

1. W. Stukeley, *Memoirs of Sir Isaac Newton's Life* (1752; re-published London: The Royal Society, 2010).
2. A. D. Aczel, *God's Equation* (New York: Delta, 2000). (한국어판: 《신의 방정식》, 지호, 2002)

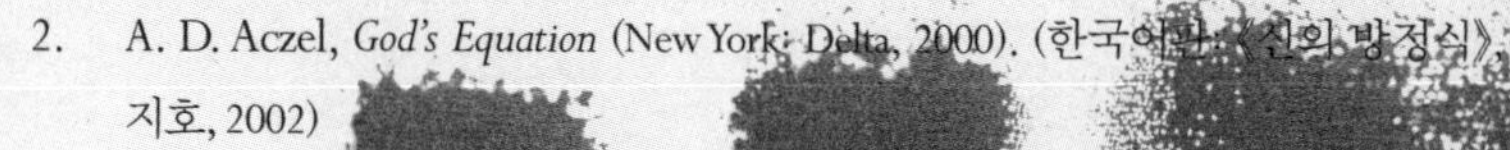